写给独自站在
人生路口的女人

李志敏◎改编

民主与建设出版社
·北京·

© 民主与建设出版社，2021

图书在版编目（CIP）数据

写给独自站在人生路口的女人 / 李志敏改编 . —北京：民主与建设出版社，2016.1（2021.4 重印）
ISBN 978-7-5139-0916-7

Ⅰ.①写… Ⅱ.①李… Ⅲ.①女性－人生哲学－通俗读物 Ⅳ.① B821-49

中国版本图书馆 CIP 数据核字（2015）第 269738 号

写给独自站在人生路口的女人
XIEGEI DUZI ZHANZAI RENSHENG LUKOU DE NÜREN

改　　编	李志敏
责任编辑	王　倩
封面设计	天下书装
出版发行	民主与建设出版社有限责任公司
电　　话	（010）59417747　59419778
社　　址	北京市海淀区西三环中路 10 号望海楼 E 座 7 层
邮　　编	100142
印　　刷	三河市同力彩印有限公司
版　　次	2016 年 1 月第 1 版
印　　次	2021 年 4 月第 2 次印刷
开　　本	710 毫米 ×944 毫米　1/16
印　　张	13
字　　数	130 千字
书　　号	ISBN 978-7-5139-0916-7
定　　价	45.00 元

注：如有印、装质量问题，请与出版社联系。

前言 | PREFACE

　　岁月摇曳，只是几步的光景，你已倏忽走过了少女的懵懂，跨过了青春的迷茫，来到了人生又一个驿站。站在人生新的路口，二十几岁的你，眉眼弯弯，妩媚靓丽，一身罗衣，婷婷袅袅，迎风而独立。你回首望望尚未走远的青春，将两情相悦满腹思量和玫瑰的梦想放进背囊。在人生这个重要的路口，你试探着迈出脚步，执着前行，一步一憧憬。未来在前，梦想在前，改变在前，就在这一程，你将不断变换角色，收获着属于你璀璨年华里的喜怨欢歌。

　　这一程，你将褪去少女的青涩，摒弃嗲声嗲气的任性和父母的娇宠，身穿板板正正的丽人套装，进入威严的职场。在这里，你将彻底卸下公主般的傲娇，怀揣丰满的梦想，以谦卑的姿态去触摸现实的骨感。工作、环境、人脉、圈子……初始的一切都不熟悉、不适应，你也许会哭，会怨，会害怕后退，但最后你只能选择微笑着坚强面对，倔强地努力。这是一段独自打拼的辛苦历程，也是一次重要的人生历练，孤独苦累、忙碌充实，百般滋味尽皆尝遍，你破茧成蝶，绽放出职场丽人的绰约风姿。

　　这一程，你将怀春的心事悄悄拾起，在众人的关切和月老红绳的牵引下，审慎选择人生的伴侣。你将白马王子从梦想的完美虚幻中拽入现实人间，在心中勾勒了他的真实样子，想像了未来生活在一起的围城状态，而后，静静地等候那一刹那的机缘，或电光火石一见钟情，或真情所动水到渠成，与茫茫人海中那个在对的时间出现的对的人幸福牵手，成就一世良缘。从此，为人妻，为人母，体验俗世生活的百般生动。

这一程,你远离了少时的天真与冲动,尚不到中年的稳健与固定,总是因为变化而充满新奇,因为不确定而感到未知的刺激。在变与未变中,二十几岁的女子,或独立潇洒,或妩媚妖娆,展现着万种风情。工作中,你是不让须眉的巾帼英雄,认真执着努力,聪明智慧干练,将冷漠无情的职场演绎成衣袂飘飘的绚丽舞台。生活中,你是柔情似水的小女子,相夫教子,演奏着锅碗瓢盆的交响曲,熬煮一粥一菜的饭香,烹制平凡女子日常生活的幸福味道。

这一程,二十几岁的你,是上帝最特别的宠儿,是人世间最艳丽的花朵,有着最热烈的激情,最闪亮的风景,一颦一笑都引人关注,让人艳羡。这一程,你遇到的人和事太多,你角色变换得太快,你自我改变最大。你会在渐渐适应中变得更加自信乐观,你会在体验职场激烈竞争后进一步明白优胜劣汰的生存真理,你会在经历感情婚姻后明晓难得糊涂的生活真谛。这一程,纵是理想和现实交错,你也要学会坚强独立,热爱生活,珍爱自己;纵是一时间梦想成空,幸福错过,你也要坚信远方,扬起笑脸,坚定前行。

站在人生的路口,你并不孤单,这本精心写给二十几岁的女性宝典是你最好的陪伴,不是指导,不是说教,只在细碎的叮嘱和深深的祝福中,点亮你的旅程,美丽你的心情……

目 录

前言 ·· 1

第一章 认真努力工作,慧眼寻得幸福

01 独立的女人更有魅力 ··· 2
02 快乐工作,美丽生活 ··· 4
03 工作家庭两不误 ··· 7
04 与时俱进不让须眉 ·· 9
05 审慎思考,做聪明女人 ····································· 11
06 明晓所求,才能收获所要 ································· 13
07 以长远眼光,择潜力佳偶 ································· 15
08 学会选择优秀伴侣 ·· 17
09 培养自己的完美伴侣 ······································· 21
10 深入了解男友,谨慎步入婚姻 ························· 25
11 让不幸如云烟散去 ·· 28
12 过犹不及,爱到刚刚好 ····································· 30

第二章 投资靠眼光,幸福靠能力

01 幸福从心而来 ··· 34
02 小心爱,不过火不受伤 ····································· 36

03	不攀比不抱怨	40
04	追求爱,但不迷失自我	44
05	闭上嘴巴,用心爱	46
06	琴瑟和谐,演绎伉俪情深	49
07	爱要自由,学会放手	51
08	信赖而不依赖	53
09	婆媳和,家庭幸福多	55
10	明知明察,做知心爱人	57
11	简单生活快乐相对	61

第三章 做一个经济独立的女人

01	做魅力"财女"	66
02	精心持家,家旺财旺幸福旺	68
03	让"钱包"鼓起来	70
04	做经济独立大女人	72
05	精当投资,享受理财收益	77
06	未雨绸缪,做好应急准备	81
07	会花会赚,掌控金钱	84
08	细心谋划巧投资	86

第四章 蕙质兰心巧布置,厅堂厨房两相宜

01	变换角色巧经营	90
02	巧手布置家,巧心营造爱	92
03	成就优雅的自己	94
04	打造第一眼的魅力	98
05	做社交佳人	100
06	做饭的女人,别样的温婉	102
07	炖煮幸福的味道	106
08	事业家庭两不误	108

- 09 编织幸福小情结 ································ 111
- 10 珍爱自己,善待他人 ····························· 114
- 11 做一个有主见的女人 ··························· 116
- 12 大度更能从容,豁达更添风情 ················ 118
- 13 宽人律己 ··· 122
- 14 做好贤妻与良母 ·································· 125

第五章 提升自我,尽享美丽生活

- 01 制怒,做温婉贤女子 ··························· 130
- 02 闭口不谈他人是非 ······························ 133
- 03 尽力而为,但不苛求完美 ····················· 135
- 04 顺应本心,敢于说"不" ······················· 138
- 05 远离虚荣,过本真生活 ························ 140
- 06 让充实代替寂寞 ·································· 142
- 07 读懂男人心,赢得真爱人 ····················· 144
- 08 勇敢应对家暴,不做沉默羔羊 ··············· 147
- 09 提升涵养,做优秀的女子 ····················· 150
- 10 宽容别人 善待自己 ···························· 152
- 11 踏实内敛 不浮不炫不张扬 ··················· 155
- 12 投入热情干工作 ·································· 157
- 13 简单生活,走近快乐 ··························· 159
- 14 聪明易被聪明误 ·································· 162

第六章 激活个人资本,做幸福成功女人

- 01 内外兼修 ··· 166
- 02 每天努力一点点 ·································· 169
- 03 学点小把戏,打造吸引力 ····················· 173
- 04 获取小女人的权利 ······························ 175
- 05 小吵怡情助沟通 ·································· 178

3

06 拥有阳光人格 …………………………………… 181
07 百炼钢为绕指柔 ………………………………… 184
08 牵住他的视线 …………………………………… 186
09 轻松SPA,让活力回归 ………………………… 187
10 平和心态应对平常生活 ………………………… 190
11 摇曳风情万种 …………………………………… 192
12 懂得幽默,笑对生活 …………………………… 193
13 激发灵气,展现独特自我 ……………………… 197
14 美丽心情美满爱 ………………………………… 198

第一章

认真努力工作，慧眼寻得幸福

现在的女人们经济独立，嫁人早已不再是为寻个"终身饭票"。对生活品质和情感质量有更高追求的她们来说，嫁得对不对更为重要。

不过面对芸芸众男，难免有雾里看花、水中望月的时候，一旦走眼，所嫁非人，纵然回头是岸，也难免浪费青春、空耗感情，落得血本无回。所以在挑选伴侣时就拿出鉴别珠宝的细心、责任心以及选择服装的耐心、挑剔心，来个沙里淘金！

女人们常常私下里议论选择伴侣的标准——"如果你不帅，那你就要有钱；如果你没有钱，那你就要长得高；如果你不高，那你就要幽默；如果你不幽默，那你就得温柔；如果你不温柔，那你就得酷……如果你什么都没有，那就只有随缘了。"但是真要摊上随缘的，那就要看自己的造化了，不如趁早选个如意郎君。

写给独自站在人生路口的女人

01　独立的女人更有魅力

　　一个成功的男人背后,总有一个坚强的女人;而一个成功的女人背后,常是一个伤她心的男人。

　　一直以来,有两种女人很受世人的追捧和男人的追慕,天生丽质、曲线玲珑、婀娜多姿的女人便是其中之一。

　　在市场经济条件下,知识是有价的,美丽也是有价的,脸蛋、身材、一颦一笑乃至风韵气质都有价,只是这种价值不如知识和能力一样,会随着年龄和阅历的增加而增长会逐渐消失。

　　青春和姿色对女人来说确实是两件法宝,给女人的生活和事业带来了许多方便,但它们是短暂的,终有消逝的时候。女人要想获得成功和尊严,还是要靠自己的能力。

　　聪明的女人懂得将美丽转化为资本,在市场中升值,女人加智慧才是真正的强强组合。

　　因出任申奥形象大使而赢得满堂喝彩的香港阳光文化网络电视有限公司主席杨澜,再次让人们睁大了双眼,阳光文化以部分换股、部分现金的方式拥有了新浪16%的股权。杨澜在不动声色中坐上了新浪第一股东的交椅。这位外表柔弱美丽的女人再一次展示了她"全能女人"的风采。而在杨澜的成功神话中,最经典的就是她的"智慧"。

　　这仅仅是对于单身的女人来说的,相对于热恋或正在感受婚姻幸福的女人来说,独立的能力绝对是女人们增值的最大法宝。

　　拥有独立能力的女人们好比黑夜里的郁金香,默默地散发着属于自己的一缕芬芳。她们通常是男人们赏心悦目和被男人们所欣赏的那类女人。在所有的男人心目中,都渴望自己的女友或妻子能成为与自己同进退、心有灵犀的红颜知己,只可惜这样的女人少之又少,这不仅是男人的悲哀,也是女人的悲哀。

　　就像众多女人们向往成为诸如电影《2046》里的黑珍珠,《甜蜜蜜》里

第一章 认真努力工作，慧眼寻得幸福

的展翅一样,她们皆希望同主人公一样因为独立而显得充满自信,令自己平添一种令人赞赏的迷人气质,让女人的价值加倍暴增。

那么,女人们如何才能拥有这种独立的能力呢?两个方面——精神与物质上的独立,它们缺一不可。

精神上的独立对于女人来说是最重要的,因为大多数男人是活在物质中的,而大多数的女人却是活在精神里的。女人的精神世界是在无比神秘和无比丰富的内心里,女人精神方面的独立是对自己的确认,当女人的精神世界被别人支配时,这个女人就十分悲哀。

千万不要担心因为你精神上的独立而遭到男友或者丈夫的鄙视,你要记住:独立的女人是男人的良师益友,亦是男人心头一颗永远的朱砂痣。他们反而会因为你的独立、不卑不亢、没有轻佻的奴颜媚骨、没有市井泼妇的尖酸泼辣而越发地欣赏你的与众不同,越发地珍惜你。

女人只要学会了在精神上的独立,完全按自己的感觉来操纵自己,学会遇事冷静,临危不乱,就能拥有独立、头脑与能力。

当然,在这个物质世界丰富的社会,物质上的独立能力也是不容忽视的,作为一位女人只是靠姿色或者青春换钱花的话,那么她必定是可悲与不齿的!

任何一个女人也不愿意接受在向男朋友或者丈夫要钱的时候,他们脸上所流露出的一丝一毫的不屑!所以,拥有独立能力的女人们都会拥有自己的收入,哪怕是仅够自己消费,那也是值得自豪的事情。

放下美貌与身段,投入到一份得心应手与热爱的职业上去,你不但能够收获物质上的独立效果,还能收获众多的人生乐趣,让你享受创造价值的愉悦以及感触社会的进步。当然,物质上的独立个性还不止这些,对于一位要强的女人来说,积极进取才是物质独立与自身价值最完美的结合。具体做法:

(1)积极承担责任与职务,让众人刮目相看。

(2)敢于踊跃发言,显示大方文雅的一面。

(3)懂得推销自己,展现自己的工作能力,颠覆自己徒有其表的"花瓶"形象。

(4)虚心接受意见,自傲是自我价值的自贬。

你的美丽人生将从你独立能力的提高开始,逐渐地让自己离开靠青春、靠脸蛋被动生活的局面,逐渐地让自己拥有更深刻的内在魅力与能力,让你的价值在青春美丽的基础上无限倍增。

02 快乐工作,美丽生活

女人因工作而美丽,因自由而快乐,这种感觉即便是用再多的金钱也不能替代的。

在"傍大款"、做"全职太太"这两个概念满天飞的时代,工作仍是女人极具必要性的选项。

很多人还没有真正领悟到生活的真谛,尤其是那些姿色甚佳、年轻貌美的未婚女士。她们现阶段的目标可能只是肤浅地追求"金龟婿",身上充斥着浓厚的拜金主义,不过她们可能还没有真正生活过,真正生活过的女人都知道,这些绝对不是她们最终的生活追求。

许多从年轻走过来的女人们都很明白工作对于生活,对于幸福的意义。她们能深刻领悟到工作不但是维持生活,更是爱情和幸福最基本的保障。

可能许多已嫁入豪门的女人们不屑于这种说法,然而事实却正是如此。当那些飞上枝头的新贵"凤凰"们可能新鲜劲儿还没过,一旦过了有钱的新鲜劲儿,之后带来的可能就是无尽的寂寞与孤独的等待——没有工作的女人常常被人置于深闺,不许她上班,让她天天玩牌、遛狗、做SPA等一系列无聊的事情打发空虚。

而无数"包二爷"的案例证明,有钱有闲的无聊女人精神空虚、情感压抑是导致这种结果的根源,也是不幸的开始。

为什么女人即便不缺钱也应去工作呢?因为工作是女人的一种生活方式,除了可以拿一份薪水,满足自己的成就感之外,还能在男友(丈夫)面前保留更多的自尊,更重要的意义就是还能交到一些可以一块逛街、闲聊八卦的"闺密",而对于一向爱美的女人来说,称心的工作也能保养女人,它较之以为多吃水果,多做保养,多喝水,多做健美操来保养的女人们有过之无不及,这些绝对是最有诱惑力的工作理由。

那么,为什么有的女人在工作中兴趣全无,感觉既乏味又困难,让她们备受工作之苦呢?当然这与心态有很大关系,她们首先对现在所从事的工作或职业感到不满,因为她们不喜欢现在所从事工作的类别或者强度,另外也可能她们就根本是被迫工作的,当然也不能排除那些为工作操

写给独自站在人生路口的女人

劳过度,认真而找不到方法的。

对于被迫工作的那些女人们为之惋惜,同时也不得不让她们认真领悟前面提到的工作的必要性。只有这样,她们才能将工作变为一件愉快的事情,从而解除心中不满,轻松起来。

而对于那些不喜欢所从事工作的类别或者强度的女人们,我们也只能报以同情,因为对于工作而言,它本身就是一种互选的,如果你有能力去选择你所喜欢的工作,那么恭喜你,你肯定不会出现不愉快的工作情绪。而那些现在仍然对工作报有意见的女人们,首先应该接受现实,改变自己,让自己能够尽快地融入到工作之中去,找到正确的方法和心态,相信,你迟早会认为工作是一件再简单不过的事情的。

对于那些操劳过度的女人们,我们只能是欣慰,你的卖力无疑能够证明你的能力,然而工作还是要适度,作为一个女人别太努力过头了,在工作的同时也应该给自己、给家庭一个很好的交代,不能太偏重于事业,否则工作方面的苦恼也会常常伴随你的。

当然,上面所提到的是些具体的处理办法,不过归根结底还是一个心态问题,对于如何能够愉快而简单地工作,我们首先需要弄明白一个问题:为何而做?

据心理学上的研究发现,EQ 高手在回答"为何而做"这一问题时,先冒出来的答案总是"It's a lot of fun",而不论其工作的内容是文书处理、业务交涉,还是创意开发。她们深切地懂得"为乐趣而做,而非为钱而做"的道理,并拥有在工作中感受快乐的能力。那么,如何能够在看似单调枯燥的工作中,找到乐趣呢? 这才是问题的关键所在。

那些懂得"找"乐趣的人会给快乐设下条件:"等我完成工作就会快乐";"等我赚够了钱就会开心";或"等我换了上司就会高兴",所以积极地追求目标,一心一意地想往快乐的道路大步迈进,而正是在这种快乐的状态下,工作自然就会简单起来,你也会真正领悟工作中的愉快了。

有一句话最能解决女人们现在所面临的问题:"不要太把工作当回事,也不要太不把工作当回事"。只有真正领悟了这句话,你才能快乐而简单地工作。

03　工作家庭两不误

就算只是为了口红、为了面子,女人们也要提起精神来认真工作!

"工作也许不如爱情来得让你心跳,但至少能保证你有饭吃,有房子住,而不确定的爱情给不了这些……"这是现在颇为流行的一句话,事实也是如此,尤其是现代女人,很少有人甘愿当个全职太太。但是很多女人并不能正确对待自己的工作,因为她们的心思并没有完全在工作上,也许在想着晚上吃什么,男朋友什么时候来接她下班等等,这样一来自然在工作中就感觉不到丝毫的乐趣,更别提在事业上能有所成绩了,那只不过是她打发无聊时间的场所而已。

也许你家庭富裕,也许你认为自己没有这个工作一样活得更好,因为你的丈夫能养着你,那你就错了。你的依赖只会让男人感到一时的怜惜,时间长了他就会觉得压力很大,而且你的父母也会因为你经济上的不独立而担心你的另一半会对你不好,你很难得到他的尊敬。

写给独自站在人生路口的女人

在这个社会上,女人属于弱势群体,事业心强的女人更容易受到男人的尊敬,而且可以让女人少点对别人的依赖感,加强自己的独立性,拥有自己那片闪亮的天空。而二十几岁的单身女人们还有可能在自己喜欢的岗位上遇到白马王子呢!

小云大学刚毕业,被分到软件公司上班,每天很轻松,但她不像别的女孩那样拿着不菲的薪水购物、泡吧,而是一有时间就给自己充电,每天都要记工作日记。

公司的男主管,一个大家私下里经常议论的帅哥。一次,他的电脑程序出了问题,没有人明白,因为这是他们专业外的问题,小云只点了几个键就解决了这个问题。

从此这位帅哥就注意到她了,发现她对待自己的工作认真,一丝不苟,经常一个人在那里研究,不由觉得她很可爱。久而久之,对她的感情由钦佩转为喜欢,小云不仅事业进步,爱情也获丰收。

理性的工作还可以让你的思维变得灵活,同时扩展你的社交圈,让你的生活不再仅仅是围绕着丈夫和孩子转了。但不是说你就要没日没夜地加班,完全不顾家里,那丈夫也会有意见的。因此平衡好家庭和工作的关系是最重要的。

这个世界并不只是男人的天下,其实,女人天生心思细腻,有些工作比男人更适合。只要在上班的时候倾注自己全部的精力,把自己的本职工作做得比别人更完美、更迅速、更正确、更专注就可以了。

千万不能因为你年轻貌美而忽略了工作本身的事情,没有业绩而无所事事的女人员工,即便是最仁慈的男老板也不会对你格外开恩的,当然除了他有"非分之想"除外。所以,女人们应该自重,认真地对待自己的工作,将业绩与成绩拿出来,别人才能刮目相看,口红钱才挣得名正言顺。

对于那些已婚的二十几岁的女人来说,搞清楚家庭与工作的关系最重要,她们应该时刻谨记:"永远不要把家事带到工作岗位上,永远不要把工作拿回家里去完成"。只有在工作中认真对待工作,在家庭上全心全意照顾家庭,才是一个最佳处理问题的办法,只有这样工作才会有效率,家庭才能和睦。

04 与时俱进不让须眉

不懂电脑的女人感觉不到世界的流行风,更会被时代的脚步落到后面。

一些二十多岁的女性往往对科技怀有冷漠感,不愿意尝试新鲜事物,这确实是女性成功的一大阻碍。电脑、数据机、电子邮件及网络给我们的工作带来了很多便利,如果不能熟练运用这些新科技,那么你就无法与潮流接轨,你就会成为一个落伍的人。

作为一个女人,如果你不懂电脑,别难过,你并不孤单。有时你可能觉得科技让你一头雾水,如坐针毡,以为自己孤立无援。你现在就立即学习,否则你就要落伍了。

科技为人们带来莫大效益,你可以选择在家工作,多花时间陪孩子,或更妥善地分配时间。对女性而言,科技更带来前所未有的自由。然而,倘若女性不能拥抱科技,就会被远远抛在后头,只能拣新一代的"女性"不要的工作做。这个假想,可能令某些人心惊胆战,但确是不争的事实。我们正在寻求别人的支持与指点,以便迈向成功之路,所以我们要学习拥抱科技所需的技能与工具。也许参与者在刚开始学电脑时,脸上充满惊恐。可是只要方法得当,她们就会沉迷于此,不想过早结束。她们愿意冒险来参加这项课程,让自己体会拥抱科技的感受。一旦克服恐惧,她们就会迫不及待,想学更多东西。

许多女性在建立起自信前,都不希望在初学科技的过程中有男性参加。有些女性在男女混合的环境下,觉得倍感压力或受到威胁。

安德恩·曼德尔在《男人如何思考》一书中说,男性如果看到一个按钮,就忍不住要按一下看看会怎么样;相反的,许多女性却会担心因为按错键而弄坏电脑。男性会勇于尝试,女性则希望有人指引。

在资讯科技发达的世界里,组织是平行的,而非叠床架屋的阶层制度。这意味着女性擅长的技能,如沟通、解决问题、维持良好关系,将变得

写给独自站在人生路口的女人

非常有价值。女性可以向别人伸出双臂，在团队合作的环境下与人有效地合作。

毋庸讳言，在对待科技这个问题上，男性和女性是有着不少的先天差异的。一般来说，男性与女性使用科技的方式就有所差异。科技经常脱不掉男性观点。早期的个人电脑使用复杂、以数学程式为主的软件；然而，随着个人电脑的使用日趋简易，以及图像与滑鼠标的操作方式，使得用电脑的女性人数大增，网际网络也是一样。一位女性上网时，表明自己是女性，她讲话的时间如果超过20%，男性使用者就觉得她说话太多了。但如果她以"男性身份"上网，她则能更自在地发言。由于网络是一个匿名环境，有些女性选择使用男性身份，以便"大声说话"。这或许也是不必冒险，就能练习自信发言的好办法。经常上网的女性，也会较常问问题，她们更有自信，也不畏惧发言。

有时候，观察男女在科技方面的巨大差别，实在是饶有趣味。但是要再次强调的是，这些差别绝大部分是跟性别角色有关，而非实际性别。较倾向男性特质的男性或女性，往往都是科技迷。他们会读关于电脑或网际网络的杂志和逛电脑商场，但是，在电脑上玩游戏的人绝大多数都是男性。男性经常拿个人电脑当工具或玩游戏，而女性则喜欢用电脑上的电子邮件或网络来沟通与获取资讯。

英国电脑学会的研究发现，资讯科技业对女性最大的吸引力在于能有弹性安排工作、中断工作，以及有上训练与生涯发展管理课程的机会。然而，该学会会长亚伦·罗素补充说，英国女性只占了主修电脑人数的11%，远低于美国的45%与新加坡的56%。英国的11%是20世纪80年代中期的一半。应该多多鼓励年轻女性学习科技技能。而且随着事业的晋升，女性也必须不断提升自己的经验。

二十多岁的女性有着很强的学习能力，因此不要以没有时间为借口拒绝提升自己的职业技能，你应该怎么做呢？你可以请同事教你使用电脑，公司如果有电脑培训的名额你要尽力争取，没有这样的机会也不要紧，你可以自掏腰包去报补习班，这种投资绝对不会让你吃亏。

05　审慎思考，做聪明女人

女人一思考，上帝也疯狂。

通常男人都认为女人是胸大无脑的动物。因为女人是一种美丽的动物，上帝创造了她们就是为了弥补这个世界的不足，弥补男人的粗犷和理智。然而事实上，社会上确实存在着这样一类做事会思考的女人——她们智商通常比较高，她们拒绝盲目，做每一件事都要从头到尾理出一个头绪来。她们不仅会考虑自己还会考虑别人，面面俱到，她们给这个世界上的女人们争足了失去的面子。

作为女人来说，你可以不写诗、不绘画、不学习、不看电视。但你不能不看书、不思考。看书思考可以使女人在一无所有的时候还有精神，可以在你生活乏味、缺少期望的时候充满激情。

写给独自站在人生路口的女人

其实女人都是感性的尤物，她们思考问题很少用逻辑判断，通常都凭感觉，然而你千万不要怀疑女人的感觉，她甚至比男人的证据判断更准确，这就是女人的思考特点。

从爱情方面说，不会思考的通常都是漂亮女人，她们会嫁给现在有钱的人，而会思考的女人都会想让自己富有起来或者嫁一个将来会有钱的男人。很多成功男人的妻子其实都不算漂亮，但是她们的思考弥补了她们的缺陷，成为男人的贤内助，让她的美丽不会因为年龄的流逝而消失，反而会升值。让男人不会因为容颜的衰老而冷落了她，因为她的智慧已经为她赢得了终身的爱情。

会思考的女人是一个成熟的女人，对待任何事物都能很理智。聪明的女人会让自己学会思考，她会让自己受伤的爱情开始之前微笑着转身离去，聪明的女人善于思考，不会让自己爱上错误的男人。而感性的女人却不会思考，任凭自己陷入错误的爱情，承受那本不该有的痛苦，但这是必需的过程，伤过心、流过泪之后，她们就会慢慢学会思考、懂得理智地面对问题了。

那些心智不成熟的女人也不懂得思考的重要性，她们的思想仍停留在纯真的孩童阶段，但是你不能说她们就是不幸福的，有时候，傻女人更容易满足，更容易得到幸福。她们没有太多的负担去做事，完全随着自己的性子，勇于去冒险，她们可能受伤，也可能得到别人永远不可能得到的，无论什么样的结局对她们而言都是宝贵的经历。只有受过伤，她们才会变得坚强，才会学会思考，才会成熟和长大。

会思考的女人通常都是有过经历的女人，她们的眉宇间总会带着些许淡淡的忧虑，不要认为她们没有疯狂过，那不过是暴风雨后的平静；会思考的女人，内心总有一种不安分的因子，这种因子让男人既爱又怕，但却因此更欣赏她们。

思考，能为女人赢得机会；思考，能为女人赢得幸福；思考，更能为女人赢得成功。思考的女人永远不会陷入被动的泥潭中，她们无论对人对事，都会经过自己的分析，你的游说丝毫影响不了她们的决定，因此她们是快乐的。

聪明本来就是用来装傻的——思考该思考的,切莫庸人自扰。女人们不能不管大事小情都需要慎重的思考,那样便会陷入思考的深渊而变得很辛苦。其实有时候人尤其是女人,糊涂一点也未尝不是一件坏事,只要心里明白就可以了,有些事不必要太较真。

06　明晓所求,才能收获所要

鱼和熊掌你不能都选吧!都选会吃不消的!

著名品牌"森马"服饰曾经打出的广告语是:"穿什么(森马),就是什么(森马)!"避开谐音,我们不难提炼出这样一句话:"穿什么,就是什么。"转换一下思维,我们更不难领悟到另外一种想法:"知道自己要什么,才能做什么,才能得到什么!"

对于二十几岁女人们来说,这句话很重要。不管是已婚女人还是未婚女人,都应该知道自己要的是什么,只有这样,她们的人生才能得到想要收获的东西,人生才更幸福或者更能活出自我。

其实二十几岁的女人是比较复杂的,她们不像十来岁的女孩,追求的是学业、是浪漫;更不像上了年纪的女人,一心追求家庭的和谐。她们所追求的应该兼顾于二者之间,却又各有侧重点。

相信,二十几岁未婚的女人们大多数追求的是一种生活上的愉悦以及美丽方面的虚荣。她们的开销一般会很大,几乎是"月光族"最典型的代表,当然,她们的追求直接决定了她们的付出——会为了满足这一追求的开支大都不惜加班加点,到处去兼职。她们的这一愿望或者追求会逐一满足,不过所付出的代价也是昂贵的。然而,这些女人们却不在乎这些,最重要的是她们找到了快乐。

还有一部分的二十几岁的未婚女人们追求的是更远大的目标——婚姻。她们一旦确定了这一目标,便会很注意寻找自己的"白马王子"或者"钻石王老五",她们很注意对自己的投资,不惜花费昂贵的价钱去买一件名牌吊带儿,更不惜以吃上半个月方便面的代价,去请热恋之中的男朋

写给独自站在人生路口的女人

友吃上一顿法国大餐。当然,这些投资对于她们来说是很值得的,因为回报大多是可观的。

也有一些二十几岁的未婚女人看重事业与职位,她们会将大部分的时间和精力放到工作或者培训学习上,目的就是获得高职位与高薪水,从而成为女强人。这类女人一般都是很要强的,她们大多数感受的是一种追求过程中的乐趣,而在生活享受方面这些女人们却差了很多,她们的内心世界往往都比较空虚,尤其是男女关系方面,这与她们的追求有很大关系,这也是众多的高级写字楼里的白领们出入夜总会寻求刺激的最主要的原因所在。

相对于二十几岁未婚的女人们来说,二十几岁的已婚女人就现实了许多。她们大都排除了前两种未婚女人的追求可能,转而注意对事业的追求，以及她们特有的对家庭未来幸福的向往，她们在家庭与事业之间多倾向于家庭。因此她们做出的牺牲也多些。

拥有这种选择的已婚女人，常常会为了家庭而暂时放弃事业，当然这是女人的必经阶段——生育后代。不过她们也会在家庭生活中付出很多，而收获也是颇丰的，其中最重要的就是丈夫的疼爱及家庭的和睦。

可以说，不同的选择会产生不同的结果，主要看你选择什么了。作为二十几岁的女人你又有怎样的想法呢？你能清楚地知道自己现在想要的是什么吗？如果清楚，那么恭喜你，你最终会得到想要的收获；如果你还在浑浑噩噩地混日子，那么你将只能得到岁月流逝的痕迹。

07　以长远眼光，择潜力佳偶

男人爱看女人眼前怎样，女人爱得是男人今后如何。

二十几岁的女人们都向往着找到一位满意的男人为伴，能够让自己从此过上幸福、无忧的生活。

提到了这点，相信很多女人们在选择男人的问题上都存在一个误区，那就是没有钱的男人不选，选择那些至少应该是有车、有房的才算对得起自己，才算没有贻误终身。

这绝对是个很大的误区，不妨认真思考一下，那些有车有房工作又好的男人们，风光无限，想要嫁给他们的女人没有一个排，也有一个班，你本身若是没有一些出众之处，则很难得到那些男人的青睐。

当然，那些男人在择偶的问题上以及对待未来妻子的态度问题上也会存在许多的缺点，他们拥有的自身条件相当好，故而相对来说，如果你并没有什么门当户对的家世以及出众的能力，仅仅想依靠美貌一点来令他们死心塌地是不够的，这样的婚姻即便存在，幸福的可能性也不被大多数人所看好，相信许多嫁给过"钻石王老五"的已婚女士深有同感。

这就好比古代皇宫的众多嫔妃一样，她们真正能够得到皇帝宠幸的又有多少个呢？一个又宠幸多长时间呢？

写给独自站在人生路口的女人

所以现在二十几岁有头脑、明事理的女人们并不是都将眼光盯在那些有车有房或者大款富豪的身上,她们更明智的抉择就是将算盘打在那些有前途的男人身上。

这些男人年轻有能力上升的可能性大,对于建立婚姻的基础相对来说是比较平等的,可以说,在其上升阶段相爱或者结婚的女人,将是他终身都不会忘记的伴侣,稍有良知的男人都会将这样的妻子放在人生最重要的位置,他们或许会认为你是他生命的贵人,有了你,他的事业才会平步青云、扶摇直上的。

这样的结果,你心动了吧!对,心动不如行动,那么怎样才能挖掘出这样有前途的男人呢?首先,要给自己树立正确的观念:选男人要选未来不是选现在。现在有钱没钱没关系,我选择的是他的将来,是他与我结婚以后他能拥有的潜力。

其次,就是要观察男人的能力。男人的能力是其将来发展情况最好的预测,拥有较强能力的男人,往往是将来能够升值潜力或者有大发展的男人。

再次,就是看他的人品。何谓人品呢?待人处世的风格;生活作风问题(尤其是男女关系方面);社会道德的遵守……

最后,也是最密切相关的问题,他对婚姻及家庭的态度。要知道他的这方面态度将直接决定你婚姻的幸福指数。

你现在的观念发生了翻天覆地地变化了吧,对!就是这样,只有这样,你才能找到一个有升值可能而且对自己真正好的未来"钻石王老五"。

08　学会选择优秀伴侣

世上女人很多,男人说,值得爱的不止一个;世上男人很多,女人说,值得爱的男人只有一个。因为不止一个,男人找女人时很少精心思索;因为只有一个,女人找男人时常常苦心琢磨。

二十几岁的女人们在选择婚姻对象时,手中都握有一张网,网眼的大小常常与年龄成反比。随着年龄的增长,不少人会自觉调整自己的标准,使其更切合实际一些,于是她们走进了婚姻。而另外一些人则坚定地继续高举放大镜,把男人的毛病、缺点看了个一清二楚,然后叹息好男人的稀少,于是她们成了单身女郎。

难道,"优秀"的男人真的绝种了吗?其实不然,只是女人们的选择误区造就了这一特点。

有人曾在网上做了个小测验:如果让你在《西游记》的师徒四人中选一个做丈夫,你将选择谁?新女人们的投票结果令人大跌眼镜:荣登榜首且遥遥领先的是原来形象并不那么高大的猪八戒。因为他性情随和、为

写给独自站在人生路口的女人

> 恋爱就像过家家，
> 两个人都是孩子。

人宽厚、感情丰富又率真执著、会吃会玩懂得享受生活、吃苦耐劳、身体健康，还知道理财。细想想也真是这个道理。

在《西游记》中，唐僧师徒四位角色代表了四种不同的男人性格，孙悟空充分展现了男人的事业心、幽默感和英雄主义；唐僧充分展现了男人的善良、软弱和理想主义；八戒充分展现了男人的好吃懒做、贪财好色和机会主义，是人格中最世俗因而也就是最鲜活有趣的部分；沙僧充分展现了男人忙碌平庸的生活常态，即人们评价某人时常说的"在平凡岗位上勤勤恳恳几十年如一日"的那一部分。

其他几个人做丈夫会是什么样子呢？沙僧老实厚道、任劳任怨，可没一点主见和情趣，做了丈夫便是典型的"妻管严"，女人倒是省心省力却乏味无比；唐僧抛开一堆要不得的缺点不说，就算属信念执著的"事业型"男人,任你女人风情万种、千呼万唤他一律视而不见,有再大的成就也是"爱上一个不回家的人";孙悟空倒是本领高强、神通广大,也是让人倾慕的对象,可这样的男人猴性太重,缺少细致耐心,不解风情时就是那种日日呼朋唤友不思归家的大男孩儿,懂得女人时又少不得朝三暮四、到处留情,让人始终无法踏实。

其实唐僧师徒四位角色代表了一个男人的不同侧面,把这师徒四人的种种人格特点合并起来,就是一个活生生的立体的男人。在男人这个人格整体中,悟空部分视女人为友;唐僧部分有点烦女人;八戒部分狂热追求女人;沙僧部分对女人不主动,但绝对负责。各个男人的不同,仅在于他们这四部分的轻重大小不同而已。

世界在变,人们心中的好男好女标准没变。好女人依旧要美丽温柔、聪明贤淑,好男人仍然是强壮、体贴、靠得住。以真诚之心待人,这就是一个"优秀"的男人、好丈夫,当然这事实从性格上分析,那么其他方面呢?

为了不让年轻女人们轻易走进男人的温柔陷阱,教你几招识别"优秀"男人的办法吧。

(1)一个优秀的男人最重要的应该是坚强。那些失败了就怨天尤人、萎靡不振、整日买醉、破罐子破摔还要靠你养活的男人坚绝不能要。男人要能给女人安全感,如果你找一个丈夫,不能够照顾你,还要经常在你面前哭诉自己的不幸,让你也承担他实际上是可以挽救的痛苦,是非常失败的。

(2)身体健康。没有哪个女人会喜欢一个整天病快快的男人。不是今天这儿疼就是明天那儿不舒服,什么也做不了,还要你一个弱不禁风的女子来照顾他。我们不要求那个男的有多么威猛高大,但一定要身体健康的才行。

(3)有一份稳定的收入。婚姻和爱情不同,是要建立在有面包的基础上。你的他不一定要有万贯家财,但是至少要有一份稳定的收入,基本的生活要有保障。所谓贫贱夫妻百事哀,如果一个男人连孩子的奶粉钱都拿不出来,这个月初就开始担心下个月的供房款,那么,你跟着他吃苦不算,甚至连一点安全感都没有。

写给独自站在人生路口的女人

（4）无不良嗜好。烟可以抽一点，酒可以喝一点，但都不能太过。哪个女人愿意天天回家面对一个醉醺醺的、嘴里还不时散发着一股浓浓的烟臭味的男人呢？至于嗜赌成性、整日风流快活，把自己打扮成小白脸的男人就更不能要了。

（5）社交能力强。不一定要活跃得见人就搭讪，见手就握的地步，也不需要他在社交方面有多么强硬的手腕，但一起出去应酬时，若像离群的动物一样一言不发，找不到任何话题与你的同事交谈，也融入不到任何群体中，凡事都需要你出来撑场面的男人，会让你脸面无光。

当然，除了看一个男人是不是优秀，还要看他是不是真心对你，当然这要靠你自己慢慢去体验。

09 培养自己的完美伴侣

择夫最低标准：
出生于本分家庭，家族绝无任何病史、风流史等不良记录；
资产丰厚，且绝非来路不正；
相貌英俊，但绝非绣花枕头；
真诚善良，但绝不傻气愚鲁；
浪漫多情，但绝不拈花惹草；
才华横溢，但绝不耀武扬威；
学识渊博，但绝不百无一用；
技能庞杂，但绝非头脑简单；
品味非凡，但绝不孤芳自赏。

在许多二十几岁的女人人眼里，一个好男人或者说一个好丈夫应该是将许多优点集中于一身的。

她们内心中都有个小算盘，如果要嫁人，当然要嫁一个完美的男人。相貌是天生的，很难改变，性格却可以选择。在女人眼里，完美丈夫应该是这样的：

他挺拔伟岸，顶天立地，走路生风。他有力量，能把女人轻松地举过头顶。只要愿意，他张开双臂，便可以乐呵呵地把整个女人拥在怀里。

他洒脱豪放，爽朗通达，豪气干云，光明磊落，要哭就哭，想笑就笑，敢爱敢恨，敢作敢为，知难而进，愈挫愈勇。如果他战斗，会战斗得轰轰烈烈，石破天惊。如果他失败，也败得壮而不悲，赢得对手的尊重。如果在人生中看不见脚下的路，他会把自己的肋骨拆下来，当作火把点燃，照亮自己也照亮别人，驱走精神的黑暗。他让人们相信，人生并不是一场游戏一场梦。

他清气满怀，淡而不疏，静而不寂，遇忙不乱，处变不惊，心阔如海，质纯如玉。就像春天的一抹绿，清凉沁人；雪中的一朵白莲，净心涤念。和

写给独自站在人生路口的女人

他交往,"恰如灯下故人,万里归来对影,口不能言,心下快活自省"。在这股清气的吹拂下,久而久之,你也会变得心胸开阔。他灵气逼人,聪慧机智,思想的火花如天马行空,出人意料而又无迹可寻;谈吐风趣幽默,惊人妙语时常如连珠炮似的接二连三地发射。他走到哪里,哪里就会有笑声。他的灵气就像是香水,不但使自己芬芳,也令别人芬芳;他的灵气就像是魔匙,能启发你的智慧和灵感。

他生气勃勃,雄姿英发,气宇轩昂,横看成岭,侧看成峰;志得意满时像风中飘扬的一面旗帜,困顿失意时像默默砥砺的一柄长剑,在如潮人群中你还是能一眼认出他来。他绝对不是花花公子、膏粱子弟和市井小人。他学富五车,具有满腹经纶、百步穿杨的真才实学。

他对高官厚禄不那么看重,他推崇"潇洒走一回",他不懂得谨小慎微,他讨厌清规戒律,他做不到四平八稳,他更不会因循守旧,然而他时常

有一决雄雌,斩木揭竿的气势。

　　他个性鲜明,坦坦荡荡。他从来不会当面夸奖你,而在背后却把你贬斥得有失分寸。他爱憎分明,从不掩饰自己内心的热爱和厌恶。他爱你就天翻地覆排山倒海,他厌恶你则不会多看你哪怕半眼。他是谁?他就是你心底的伟岸,孩子心田里的上帝。

　　只是,女人们似乎忘记了这些好男人必须要为他们的十全十美付出相应的代价,而你也将是这个代价的受害者:一个充满职业精神的男人,基本上也就是一个没有闲暇陪妻子逛街的男人。

　　一个自信、处事果断的男人,基本上也就是一个骄傲、刚愎自用的男人。

　　一个有相当社会名望的男人,基本上也就是一个把社会名望看作是比妻子更重要的男人。如果一定要他们在社会名望和妻子之间作一次选择的话,他们不会选择妻子,但是这完全不妨碍他们需要有一个女人作为妻子的存在。

　　一个富有魅力并且性感的男人,基本上也就是一个对于所有女人来

写给独自站在人生路口的女人

说都富有魅力并且性感的男人。不必天真地想象,一颗情种仅仅限于在一个小花盆里发芽。

一个不与任何美丽、可爱的女人有任何交往的男人,基本上也就是一个被任何美丽、可爱的女人所不屑一顾的男人。

一个把所有的家务都揽于一身的男人,基本上也就是一个在社会上无所事事、碌碌无为的男人。

一个在家里省吃俭用的男人,基本上也就是一个在社会上很吝啬的男人。

一个生活俭朴的男人,基本上也就是在任何场合都不修边幅的男人。

一个每天晚上都在家里陪着妻子的男人,基本上也就是一个没有朋友的男人。

一个不是艺术家却天天发烧于艺术的男人,基本上也就是一个不脚踏实地、没有正业的男人。拍照片、听音乐、看电影、读文学、喝咖啡、唱歌、跳舞、绘画、抚琴,确实很浪漫,但是一旦在家庭里天天发生,那可不是一个女人幸福的开始。

在社会生活里,绝对好男人的楷模,一个一个扑面而来。那些个著名学者、艺术家、社会名流,不约而同地都在扮演着好男人的角色。但是,因为距离他们很远的缘故,无法知道他们的底细,无法知道他们的弱点和尴尬。好男人的心灵深处,并不那么很好。

就像人们曾经一直以为查尔斯王子和戴安娜的婚姻是天作之合一样。所以,不被那些由社会名流构成的好男人的外观形象所迷惑,将使男人们不至于做不成好丈夫而自责自卑,将使女人们不至于遭遇不到好丈夫而沮丧失望。

因此,我们不必对异性的条件太苛求,也不要期盼自己的男朋友或者丈夫是十全十美的。俗话说:"水至清则无鱼,人至察则无友",你自己并非十全十美,却希望对方十全十美,这是一种心理不成熟的表现。十全十美的男人是没有的,但是比较好的男人却多的是,就看你能不能有慧眼去发现和培养了。

10　深入了解男友，谨慎步入婚姻

男人就像脚上的鞋,舒不舒服只有自己知道。这就是说,女人是穿鞋的人,男人只是她们的鞋!别人再怎么夸奖这鞋精致美观也没用,妻子说你是好丈夫才算数!

二十几岁的女人们对于婚姻的了解可谓不多,她们大多数在热恋的时候都幻想着自己的男朋友也就是未来的丈夫,对自己有多么的体贴、他们的婚姻是多么的美满……

其实呢,一切都是一厢情愿的幻想,建议那些二十几岁的女人们在结婚之前应该深入了解婚姻及男人的秘密,那样才不至于在婚姻的殿堂中

写给独自站在人生路口的女人

摔跟头。

现实中,每位夫妇婚姻的实际情况与其可望达到的理想状况之间都存在差距。如果你能够有效地了解这些婚姻中潜在的幸福动力,你将不再为现在之后的婚姻是否幸福而烦恼了。

MPI 又叫婚姻潜力调查,它是婚姻问题专家大卫和梅斯发明的。根据他们近 50 年的婚姻研究发现,90% 的夫妻在家庭幸福方面都没有发挥出应有的潜力。这同时表明绝大多数破碎的婚姻都是由于缺乏更深层的相互了解才各奔东西。为此,大卫和梅斯精心设计了 MPI,帮助测定未来婚姻的状况。

这项测验十分简单,只需热恋中的男女双方各自就婚姻中 10 个基本方面的状况根据自己的感觉做出估计,打出分数即可。

(1)共同的目标和价值观念。

(2)为增进婚姻关系所做的努力。

(3)交流思想的技巧。

(4)感情与理解。

(5)建设性地对待夫妻间的冲突。

(6)对男女各方职责的一致看法。

(7)同心协力,配合默契。

(8)性生活的充实(对于没有同居的男女朋友来说,这个问题可以避而不答,不过这项调查对于结婚后的婚姻幸福具有决定性的作用)。

(9)钱财的使用安排。

(10)教育子女(对没有孩子的夫妻来说,在于怎样对家中问题商讨、决议)。

在评估过程中有很多值得注意的地方,那就是要双方一起比较并讨论自己打分的理由,只有这样才能真正帮助你们相互了解,加以改进。千万不能根据武断或不切实际的理想化标准评估,更不要与他人婚姻对比。通过评估,不难推测出日后的婚姻状况,果断地作出调整或者改变。

当然,对婚姻的了解更在于对你未来丈夫的了解,因为这是最关键的问题,毕竟婚姻是两个人的事情。

第一章 认真努力工作，慧眼寻得幸福

有很多人都说男人像孔雀，是因为孔雀开屏是美丽的，但转过身去看到的就是排泄孔。说到底，每个男人都分 AB 两面。A 面是外表，B 面是本质。A 面等同于雄性动物华丽的外观、强健的体魄和悦耳的鸣叫，B 面相当于雄性动物凶猛的野性、躁动的欲望和孤注一掷的冒险。

女人嫁给一个男人大部分是因为他的 A 面，谁都喜欢选那种外表好的当丈夫。了解一个男人的 A 面很容易，有时候一幅俊俏的脸或者一张能说会道的嘴就能把故事讲得清清楚楚。细心的女人还会注意一些细节，比如西装是什么牌子的，文凭是哪个学校的，房子有多少平方米等等。

男人的 B 面是本质，所谓本质是指一个人的本色和他的素质。本色就是他内在的东西，藏在里面不容易看见。男人一般也不愿意暴露他的本色，特别是在女人面前。男人总是先要把体面的 A 面摆出来，把他的本色藏起来。而本色却是决定一个男人是善良、平和、公道、浪漫、温柔，还是凶恶、扭曲、自私、吝啬、暴力的。能辨别出橘和枳的人不多，能看出男人本色的女人也不是天天可以碰到的。

如果本色是内在的，那素质是通过一个人对其他人的行为所表现出来的。他的言谈举止、处事为人都被素质所确定，包括做爱。如果女人真的爱上一个男人，那么她肯定是被他的 B 面打动了。但是大部分女人对男人的 B 面有一种恐惧感，她们对男人 B 面的暴露不感兴趣，而只是求 A 面体面就可以了。

男人的 A 面和 B 面往往不是一回事，即使 A 面体面，并不能说明他的本质是好的。如果 B 面没戏，A 面也肯定好不到哪儿去。

当然对于婚姻的了解还不仅是这些，还有一些是执行的问题，需要在婚前深刻地了解甚至是解决，诸如：确立未来的户主、夫妻相处的原则、各自应承担的家庭责任、家庭财产的运用和分配……千万不要以为这些不重要，等到结婚过后自然就明确了。婚前的决定往往能够影响婚姻的发展方向，因此一定不要再因为你女人的矜持以及对爱的幻想而忽略了这些。

恋爱和结婚千万不可盲目，在未看清楚对方是否是个好男人以及在对婚姻不了解的情况下，千万不要更加盲目地步入婚姻的殿堂，或许那就是你厄运的开始。

27

写给独自站在人生路口的女人

11　让不幸如云烟散去

　　相爱时,男人把女人比作星辰、飞鸟、天使等等与天空有关的事物,恩断情绝时,男人把天空据为己有,把爱过的女人放回到地面上去。

　　婚姻和健康的关系,一直备受注意。早在1970年,人口学家就发现很奇怪的现象:结婚的人比未婚、离婚、鳏寡的人要长寿。

　　不过,最近的几个研究更进一步证实婚姻和健康的确有密切关系,但是,却不全然是正面的,关键在于婚姻品质。

　　对于婚姻利于健康的一面许多的学者专家都曾经做出过分析——芝加哥大学教授、社会学家铃达蔚特接受《纽约时报》的采访时指出,"结婚对健康的意义,就和我们吃健康食物、运动和不抽烟一样。"

　　然而,人们却往往忽略了它的负面影响。研究证明,不幸婚姻对女人伤害更大。虽然一般来说已婚者比未婚的人健康,但是愈来愈多的研究也发现,不幸福的婚姻对健康的杀伤力,尤其是女人受到的影响更大,而且给女人的心理上的伤害及阴影是长时间都无法磨灭的。

　　据了解:不幸福的婚姻对健康的负面影响,有些甚至出乎意料。例如,婚姻品质不好的男人和女人,比婚姻幸福的人容易有牙龈问题和蛀牙。有两个研究则显示,夫妻的紧张关系和胃肠溃疡有关。所以,这又是一威胁女人健康的杀手,不得不引起女人们的重视。

　　女人是感情的动物,在从女孩蜕变到女人的过程中,在从稚嫩到成熟的演变里,许多女人经历了记忆中无法抹去的伤痛。爱过,恨过,拥有过,失去过,每一次感情都刻骨铭心,每一次经历都难以忘怀,甚至到她们结婚、生子,那个名字,那份情感依然在心中某个地方,轻轻地碰触就会撕心裂肺地疼痛。

　　人的一生,难免要经历一些痛苦,我们应该学着去承受,也要学着去忘记,不要让它在你以后的生活里划下不可磨灭的痕迹,过去了就是过去了,让我们无声无息地忘记。二十几岁的你长大了,成熟了,自己知道就好。其实大家看得见你的改变,别以为身边的人什么都不知道,也别自作聪明地向全世界宣告。生活给我们带来快乐,同时也会带来痛苦,时间让我们变成了最熟悉的陌生人。

小优是个可爱的女孩,追求她的人很多,今天恋爱了,她就马上向全世界的人宣布她的恋爱经历,满脸甜蜜地幸福小女人状,没几个月她又失恋了。什么原因呀,细节呀,她统统再度宣告一遍。

她的郁闷、她的哭泣和伤心大家看在眼里,疼在心上。可没几个月她又恋爱了,完全没有了原来的阴霾,重新又投入了新的港湾,周而复始,就像上演电视剧。

爱情是两个人的,有些东西不需要和别人分享。小优的确是很可爱的,然而难免会让人觉得她幼稚,对待感情如同儿戏。

事实上,她并没有真正地觉得痛过,要知道,真正的痛苦并不会想要和别人分享,一个人默默地、静静地坐着或者躺着,任思绪神游,只有时间能抹平我们的忧伤。不要总是像"祥林嫂"一样每隔一段时间就把你的痛苦拿出来给大家看看,那样你总是将自己的伤疤一次次地揭开它永远都不会好。久而久之,别人也会厌烦,可能你的故事别人已经背得下来了,然而你仍然孜孜不倦地把它拿出来展示。

也许你想让别人知道你有多痛苦,也许你还不能忘记,但是永远不要说出你的痛苦,就当它不存在,你就会发现你再也记不起那些痛苦的点滴,你的脑海里将不会再出现每一句对话。

让痛苦的记忆随时间的流逝无声无息地消失,不要感慨、不要回眸!

12 过犹不及,爱到刚刚好

爱得太深就会失去理智,不理智的女人是可怕的,也是可悲的!

二十几岁的女孩大都追求"飞蛾扑火"式的爱情,用自己的全部来爱一个人,不计任何后果,因此她们也常常会受伤。随着岁月的磨砺你的爱情观念会更加成熟,也自然会明白爱一个人不能爱得太深的道理。

喝酒的时候我们都有这样的体验:

喝到五六分醉的时候,身上的每一块肌肉都可以得到松弛,脑中的每一个细胞都可以变得很柔软,眼中看到的一切都是很可爱的,而耳朵听到的一切也都会是非常扣人心弦的,甚至,或许是因为喉咙开了的缘故,连歌也可以唱得特别的好。

但是,如果已经到了五六分醉还继续喝,或者以上情形还是可以持续保有,但是因为每个人的体质不同,或者酒的种类不同,就会有许多随之而来的后遗症,如:肠胃无法负荷的呕吐、酒精过量带来的晕眩感、隔天醒来头疼欲裂,全身不舒服的宿醉感觉……完全丧失了饮酒的乐趣。

吃饭的时候,七分饱的满足感总是最舒服的。吃到六七分饱的时候,齿颊味蕾还留着美味食物的香味,然后再加上餐后的甜点、水果、咖啡或茶等等,保持身材和身体健康绝对足够。

但是,如果已经到了六七分饱还继续吃,或者以上情形还是可以持续保有,但是因为每个人的体质不同,或者吃的东西不同,就会有许多随之而来的后遗症,如:肠胃不适而勤跑洗手间、过于饱胀而有了恶心感、无法享用餐后甜点、吃得太饱会想睡觉……完全丧失了吃饭的乐趣。

爱一个人的时候也是一样,爱到八分绝对刚刚好。

爱到七八分的时候,思念的酸楚只会有七八分,独占的自私只会有七八分,等待的煎熬只会有七八分,期待和希望也只会有七八分;剩下两三分则要用来爱自己。

但是,如果已经爱到了七八分还继续爱得更多,或者以上情形还是可以持续保有,但是因为每个人的体质不同,或者爱的方式不同,也会有许多随之而来的后遗症,如:爱到忘了自己、给对方造成沉重的压力、双方没有喘息的空间、过度期望后的失落……完全丧失了爱情的乐趣。

所以,饮酒不该醉超过六分,吃饭不该饱超过七分,爱一个人不该超过八分。

爱情应该保持怎样的温度和距离,双方才能如沐春风呢?像杜梅那样拿菜刀逼方言说我爱你,得到的只能是愤然反抗。还是李敖说得好,只爱一点点。如何掌握爱的尺度令人困扰,太冷了是冰山,太热了又是火山。以下10条仅供参考:

(1)永远不说多爱你。卡斯特罗有句真知灼见:"女人永远不要让男人知道她爱他,他会因此而自大。"

(2)一天只打一次电话。在对方意犹未尽时先挂断,保持适度神秘感,没有男人喜欢喋喋不休的女人。

(3)一颗平常心。很少有人一生只爱一次,十有八九的恋爱以分手告终,要以平常心看待欢聚与别离。没有了谁,日子还得往下过。好聚好散,千万别一哭二闹三上吊,这只会使自己变得很可怜。

(4)迁就太多就成了懦弱。谁也不欠谁的,爱他是他的福气。在恋爱中两个人都是主角,要有自己的主见,懂得适当拒绝。

(5)尽量不要在经济上有纠葛。金钱是个敏感的话题,恋爱男女一涉及现实利益马上翻脸的例子不在少数。感情归感情,金钱归金钱,还是应该泾渭分明,免得赔了夫人又折兵。

(6)不要逼婚。太爱一个人就会想要天长地久,这时候就渴望起世俗婚姻了。一个劲地在男友面前提婚纱啊买房啊,把结婚的渴望明明白白地挂在脸上。如果对方想结婚不用你暗示也会去买戒指,反之你的渴

31

写给独自站在人生路口的女人

望会吓跑他。

（7）不要为了爱他生小孩。单身妈妈现在有很多,她们都有一定的经济能力和心理承受能力。如果想用孩子来羁绊男人的话就太不明智了,你不能让对方对你负责,却要去负责一个生命,这不是自找麻烦吗?

（8）不要天天厮守。爱情的生命力是有限的,要让爱情寿命长一点就要保持一个适当的距离。如果有了肌肤之亲,千万别摆出一副非你莫嫁的样子,性是双方共同的感受,是感情的升华。

（9）对方永远只是一部分。三毛曾经说:我的心有很多房间,荷西也只是进来坐一坐。要有自己的社交圈子,别一谈恋爱就原地蒸发,和所有的朋友都断了往来,这只会让你的生活越来越狭窄。

（10）少喝飞醋少流泪。去问问男人,薛宝钗和林黛玉他们会选哪一个?男人哪有精力来向你一一交代这个女人那个女人都只是纯洁友谊?不要太计较对方的过去,干吗非要把他的陈年黄历都翻出来?过去不可能是一张白纸,同时自己也没必要把自己过去一五一十地交代清楚,特别是被人抛弃之类的事情提都不要提。

要拿捏好爱的分寸,过犹不及,至少要做到不为爱情迷失了自己,做到这一点,你才能拥有真正的爱情。

第二章

投资靠眼光,幸福靠能力

对的时间,遇见对的人,是一生幸福。对的时间,遇见错的人,是一场心伤。错的时间,遇见错的人,是一段荒唐。错的时间,遇见对的人,是一声叹息。

你在追求幸福吗？这或许是你能够掌控的,不过,需要你谨慎地思考,依靠着那颗执著而敏锐的心,寻找到自己想要的幸福!

写给独自站在人生路口的女人

01　幸福从心而来

　　爱一个人,是欣赏对方的优点,也包容对方的缺点,宁愿要求自己完整地接受,而不是要求对方完美地体现。对待你的爱人要加一分珍惜,添两分信任,加三分宽容,添四分情调,减一分啰嗦和两分争执,以及三分泼辣不讲理。

　　二十几岁的女人们大多都在追求金钱、地位、名望(当然这点在他们选择丈夫的时候更加明显),因为她们相信这会让她们生活得更幸福。其实,幸福的感觉往往是与物质无关的,只要你学会调整自己的心态,同样可以生活得轻松而幸福。

　　她是一个二十几岁的女孩,工作是售楼公司的助理,每月的工资并不高,和男朋友住在一个小小的出租屋里。她的男朋友报名参加了脱产的电脑培训班,时隔几日便去学习,平时在家里待着,不过每到周末他们总是去逛街、去寻找属于他们的乐趣,尽管每次也并不买什么高档服装或是下馆子,然而她却说:"我很幸福呀!"因为她追求的幸福并不是能够拥有多少钱或者多么宽敞的房子,她觉得两个人能够在一起够吃足花,就是她的幸福,况且他们还有美好的未来。

　　这个女孩拥有了幸福,她也再一次向我们证明了这种说法:幸福与物质享受无关,而是来自于一分轻松的心情和健康的生活态度。

　　如果你能试着从以下方面努力,你也会成为一个幸福的人:

　　1. 不抱怨生活而是努力改变生活

　　幸福的人并不比其他人拥有更多的幸福,而是因为他们对待生活和困难的态度不同。他们从不问"为什么",而是问"为的是什么",他们不会在"生活为什么对我如此不公平"的问题上做过长时间的纠缠,而是努力去想解决问题的方法。

　　2. 不贪图安逸而是追求更多

　　幸福的人总是离开让自己感到安逸的生活环境,幸福有时是离开了

安逸生活才会积累出的感觉,从来不求改变的人自然缺乏丰富的生活经验,也就难感受到幸福。

3. 重视友情

广交朋友并不一定带来幸福感。而一段深厚的友谊才能让你感到幸福,友谊所衍生的归属感和团结精神让人感到被信任和充实,幸福的人几乎都拥有团结人的天才。

4. 持续地勤奋工作

专注于某一项活动能够刺激人体内特有的一种荷尔蒙的分泌,它能让人处于一种愉悦的状态。研究者发现,工作能发掘人的潜能,让人感到被需要和责任,这给予人充实感。

5. 树立对生活的理想

幸福的人总是不断地为自己树立一些目标,通常我们会重视短期目标而轻视长期目标,而长期目标的实现能给我们带来幸福感受,你可以把你的目标写下来,让自己清楚地知道为什么而活。

6. 从不同情况中获取动力

通常人们只有通过快乐和有趣的事情才能够拥有轻松的心情,但是幸福的人能从恐惧和愤怒中获得动力,他们不会因困难而感到沮丧。

7. 过轻松有序的生活

幸福的人从不把生活弄得一团糟,至少在思想上是条理清晰的,这有助于保持轻松的生活态度,他们会将一切收拾得有条不紊,有序的生活让人感到自信,也更容易感到满足和快乐。

8. 有效利用时间

幸福的人很少体会到被时间牵着鼻子走的感觉,另外,专注还能使身体提高预防疾病的能力,因为,每 30 分钟大脑会有意识地花 90 秒收集信息,感受外部环境,检查呼吸系统的状况以及身体各器官的活动。

9. 对生活心怀感激

抱怨的人把精力全集中在对生活的不满之处,而幸福的人把注意力集中在能令他们开心的事情上,所以,他们更多地感受到生命中美好的一面,因为对生活的这份感激,所以他们才感到幸福。

幸福是一种抽象的感受,是一种来自心灵的快乐和满足,它并不难得到,如果你愿意,你也一样可以拥有。

02 小心爱,不过火不受伤

他纵有千个优点,但他不爱你,这是一个你永远无法说服自己去接受的缺点。一个女人最大的缺点不是自私、多情、野蛮、任性,而是偏执地爱一个不爱自己的男人。

一位作家曾经说过:"在爱情的世界里,爱得较深的一方,就是容易受伤的一方。"这是为什么呢?因为他们滥用了自己的感情,没能理智地判断对方是否为自己所爱。二十几岁的岁的女孩,应该学会把握自己的感情,最好能做到收放自如,这样才能有效地保护自己。

1. 爱上一个"木头人"

"那时实在太傻了!"26 岁的赵女士对朋友说,"2002 年,我去北京某报社实习,喜欢上了那个很有才气的记者。我到处跟着他采访,我被他的采访技巧、语言表达能力和选取素材的独特视角深深地折服。"

"实习回来后,我一直忘不了他。毕业分配时,我没去成北京,留在了济南一家新闻单位。我经常请教他问题,我们电话来往很密切,当然大多是我主动给他打过去的。其实,我周围有老师和同行,但我为什么偏偏要舍近求远地求教他呢？我知道,自己已经爱上他了。

"我经常借口去北京看他。后来,干脆就把自己当成他的女朋友了。双休日我会买着各种零食去北京,直奔他的住处,帮他收拾房间。他总是木木地看着我做这一切,没什么表情,他对我从来就没表达过什么。要知道,我刚刚参加工作,经济上并不宽裕。假如经常去北京,再加上给他买礼物,这个月便会很紧张,我的工资几乎都花在这上面了。其实,我也感觉挺累的。我想再试验一次,如果不行我就撤退。于是,我打电话告诉他,我要去北京看他,问他需要什么。他没有拒绝,还开玩笑似的说,需要三星 E348 手机。

"我想,他没说不让我去,而且还提出要三星 E348,这说明他对我还是有意的。于是,我使劲存钱买了手机和他爱吃的东西就急匆匆地去了北京。火车到了北京站,他没有来接我。我又赶到他家中,也没人,我又去了他单位。他看见我来了,居然没有什么表情。我问:'为什么不接我？''你不是已经到了吗。'他漫不经心地答道。我拿出食品给他,他却分给办公室的同事一起吃。我拿出手机,他有点吃惊地说:'你怎么真买了？'说到这,旁观者肯定都看明白了。当时,他之所以不直接对我说不爱我,那是怕伤了我的自尊。他总推说他忙这忙那的,这已经间接地告诉我,你省省吧,别再来打扰我了。我当初为他所做的一切,都是损己不利他的,他也不想我扰乱他,可我当时就是不明白。"

经验:爱是幸福的事,但爱应是对等和公平的。假若是一厢情愿的话,那将是一件非常痛苦的事情。要知道爱意泛滥是很可怕的,尤其是盲目地爱。当你不幸遭遇到这种恋情时,千万不要像赵女士这样"痴情",一定要珍惜和收敛自己的爱意,学会保护自己。

2. 爱是不能受制于人的

B 女士(27 岁会计):我在上大学的时候,谈过几次恋爱,但都谈崩

写给独自站在人生路口的女人

了。崩的原因是因为他们太想控制我。毕业时，那位男友让我跟他回广州工作。往下的话虽然他没说出口，但我已经看出来了，如果不跟他一起走，我们就完了。当时确定了这个信息后，第二天我先他一步提出分手。

参加工作后，我所就职公司的老板是位非常出色的男人，我们有种默契，有份心照不宣的好感。我一直期望他能够说出来，因为我非常欣赏他，也挺爱他的。可他很沉得住气，从来没有过分的亲昵话语和动作。但他对我的关心又是无处不在的，并且总能让我感觉到。弄得我总也拿不准他对我到底有没有那层意思。为了得到他，但又不能受制于他，就得想办法让他主动出击。于是我利用一切机会显示我的才华和才能，把自己优秀的一面，自然地毫无保留地展示给他。我还打听到他的喜好，然后我会在不经意间流露出我也有这方面的爱好和特长，让他备感意外和惊讶。一到这时，他就会说，没想到我们还有那么多相似之处。

> 像我这样一无所有的人，如果要与别人来往，就必须令对方感到和我来往会得到某些方面的愉快与益处。

那次，一个生意伙伴邀请我们几位高层人员到他家里参加家庭聚餐。我知道他最爱吃拔丝地瓜，于是就利用这个机会，下厨房做了个很正宗的拔丝地瓜，当我将色香味俱全的拔丝地瓜端上来的时候，他用有点奇怪的眼神看了我一眼，好像在说，你也喜欢吃这个。在众人的喝彩中，他第一个品尝。这天的聚会结束后,他开车把我送回家,在楼下他第一次吻了我,并向我求婚。心里早已乐颠了的我,却假装出一副略有所思的表情说道:"能给我些时间考虑一下吗?""当然可以,不过别让我等得太久,不要太折磨我了。"一个星期后。他得到了满意的答案。当然,我也得到了我想要的爱人。

经验:恋爱同样是要讲策略的。记住,收敛爱意是度的把握,有效地传播爱意则是技巧的掌握。女友们,不管到了什么时候也别让爱冲昏了头脑。让我们开动脑筋,运用智慧,在爱的领域中立于不败之地。

3. 属于你的爱会长出翅膀

C女士(28岁护士):我非常相信缘分,是你的跑不了,不是你的追也追不来。只要真正是属于自己的,就是远隔千里万里,爱也会插上翅膀飞到你身旁的。所以,不要强求不属于自己的东西。同样,属于自己的东西,也不要轻易放过。

几年前,我曾经对一位很欣赏我的男人产生了不可遏制的爱意,也不知道当时我为什么那么迷恋他。我总觉得他对我的态度与别人不同,总觉得自己是他周围的女性中,比较出色的一个,所以他最欣赏我。他很沉稳,从不轻易夸谁,但他却总在众人面前夸奖我,而且这些都是我从别人口中得知的,每听到这些,我的心里就暖暖的。其实,他本人也是一位很有才华的成功男人。我对他的爱意与日俱增。尽管这时,我周围的追求者不少,可我只对他情有独钟。我总是找机会靠近他,关心他。虽然我没说什么,但我的意思对他来说已昭然若揭,可他就是没有什么反应和表示。有时,我为了试探他对我的态度,会把自己藏起来,不让他看到我,看看他想不想我。结果没几天,他会找借口打电话,或来看我,但仅限于此。于是,我就又来了劲头,依旧关心他,亲近他,当然都是精神上的。

就这样反复了几次之后,我得出了自己不愿承认的结果,那就是他并没有诚意。我决定马上收手,并且是很坚决的。任他后来又故伎重演,我都是不卑不亢、落落大方地与他交往,尽管心里有时还是动心,但我知道没有结果的事,是不值得我付出感情的。

经验:三十六计走为上。

写给独自站在人生路口的女人

（1）当你倾情付出,得不到任何回报的时候。

（2）他总是用所谓的忙,或别的什么借口,来敷衍和搪塞你的时候。

（3）当你为他不遗余力,深感力不从心,并觉得他不值得你这样做时,那你就要先停下来,好好梳理一下自己的感情和心绪。

（4）当你发现他在利用你的爱意,让你心甘情愿地为他无偿付出时。这种男人已经到了很可恶的地步,你要马上收回爱意,让他不能得逞。

（5）虽然他也喜欢你,但因为种种原因,他不能接受你的爱意,并努力掩饰对你的感情时,那你也要激流勇退,因为这同样是一场"无花果"之战。

经历了情海里的大风大浪后,二十大几的女孩们更应该学会保护自己,谨慎地追求自己需要的爱,用愉悦的心情来享受爱的甜蜜和幸福,用冷静的头脑来评估这份爱的价值和未来。

03 不攀比不抱怨

男人把面子看得最重要,女人把名声看得最重要。

大家都知道,老虎常常要舔自己的皮毛为了要面子有光,而男人都爱面子,说是自尊心强,其实就是虚荣。不像女人只注意美貌、衣饰、浮华等物质方面;男人虚荣,倾心于知识、才华、勇气等精神方面,更渴望名声,炫耀权力。

战国时候有个名人叫晏子,身高不满5尺(折合现代的尺寸为1米5左右),而他的车夫却身高7尺。车夫执鞭为晏子赶车时洋洋自得,他妻子窥见后便说:"人家晏子身不满五尺而为齐国宰相,你枉得堂堂七尺之躯,而为之御,不怕难为情吗?"车夫闻言羞愧难当,之后车夫便发奋努力,终于成为大官。如果车夫的妻子不激发他的虚荣,那车夫可能永远都是车夫。

"虚荣"也不坏,好的"虚荣",它的"荣"应该是一种健康的向往。不过,很多已婚女士与身边的男人发脾气时,不是置之不理就是破口大骂,甚至不顾忌是不是在公众的场合,有的女士还尤其喜欢当着朋友的面给男人难堪。女士们以为使尽性子、耍尽脾气,就能变成耀武扬威的女王,她们从男人的道歉和满脸赔笑中获得胜利的喜悦,孰不知自己因此将失去更多。

当女人一点点损毁男人颜面的同时,也正在一点点损毁他们之间的感情。而给男人一个台阶下,为男人保留一点颜面,就等于给自己多一些幸福的空间。

男人一般都是头可断、血可流,面子不能丢的"动物",所以在外人面前一定要给足丈夫面子:你可以表现出小鸟依人的样子,有的时候男人需要喝点酒、抽几支烟,这时最好不要严加干涉。若是有朋友到家里来也最好能表现得勤快一些,让男友有足够的时间和自己的朋友去吹牛皮、侃大山。当然,不排除有的时候男友可能会很过分,那就在别人不注意的时候狠狠掐他一下或者在客人走后惩罚他。正所谓"秋后算账"看他下回还敢不敢犯!

小丽是那种很蛮横的女孩,和男朋友相处三年了,已经发展到谈婚论嫁的地步了,而两个人的经济大权早都交予小丽来掌管了。

可是小丽有个坏习惯,不管有人没人,当着什么人的面,她都会去翻男友的衣兜,检查一遍里面的钱,然后拿走最后一分硬币。男友很无奈但还是对着同事惊诧的眼光疼爱地说:"我们家小丽就这样,呵呵!怕我学坏。"但心里已经有了埋怨,久而久之,怨恨越积越深。

最终,两个人也没能走入婚姻的殿堂,这让许多朋友都很惊讶。殊不知,女人绑住自己的另一半的办法并不是看死他。

爱情就像捧在手里的沙子,你攥得越紧,它流失得越快,展开双手轻轻地捧着,它反而不会流逝。

不要怕做小女人,要知道,男人会因此对你感恩戴德的;当然,他也会在你的朋友面前表现得更加宠你、疼你,把你捧得像一个公主。这没什么难的,而且这种令双方都开心的做法,为何不去尝试呢?

只有笨女人才会因为男人说了或做了使她不顺心的事而不分场合地给他脸色看,令他和他的朋友们都觉得尴尬、难以下台。聪明的女人会在适

写给独自站在人生路口的女人

当的时候忍气吞声、强颜欢笑,给足男人面子,但是回到家关起房门来好好教训,让丈夫心甘情愿地做一个星期家务,并发誓再也不敢有下次了!

世界上的事情没有什么是永久不变的,不要以为婚姻是牢固的,除非你懂得经营,否则它真的会成为爱情的坟墓。

其实,有时男人要求的并不多,但他最在乎的就是面子,只要给足他面子,再适当地施展一下你的"小温柔",难道还怕他不对你死心塌地?

每个女人都希望嫁一个好丈夫,希望自己的丈夫是最优秀的,所以她们总是在不停地攀比,同时给自己的丈夫施加压力。也许你丈夫的工作很卑微,也许你丈夫的薪水很微薄,也许他晋升的速度过于缓慢……然而,这不能成为你轻视及贬低他的理由!

当今社会对于男女两性的角色期待是不同的,在要求女人温柔贤惠、善于操持家务的同时,也对男人提出了坚强勇敢、事业有成的角色要求。然而,由于现代社会的激烈竞争,那些在职场上打拼冲杀的男人们也会面临失败,这种心理上的负荷往往使得他们在体力上和精神上不堪重负,甚至影响了他们的健康。

当男人的事业不能一帆风顺时,心情处于低落期,此时他的内心已是无比脆弱,任何不小心的言语都可能伤害到他,这时妻子的关怀和鼓励,最能安抚他的心,这也是你身为妻子应尽的责任,你怎么能忍心再用尖刻的言语去刺激他呢?

要知道,你嫁的这个男人是深爱你的,他的拼搏是为了你的幸福,无论他发展的好与不好,都不要抱怨,你可以自己选择过什么样的生活,如果他是个事业有成、整日忙碌的男人,那你的经济压力没有,但是却要承受每天看不到他,无法与他交流的痛苦;如果你的丈夫是个普通人,那你选择的就是一种普通的家庭生活,两个人一起买菜、做饭,有充足的时间在一起享受你们的二人世界。

上帝对每个人都是公平的,拥有的和失去的都是成正比的。爱你选择的人,不要去羡慕别人的跑车和洋房,他们的苦恼也许比你还多。

小梅的丈夫是工厂的技工,挣得不算多可也足够两个人花,没事还可以有充足的时间陪妻子看看电视,逛逛街,还可以和邻居的老朋友下下象棋,喝喝茶。可小梅一直不满足于现在的生活,一看到别的姐妹的丈夫买了车,买了大房子,就唠叨个不停:"你怎么这么不求上进,你什么时候能有点出息,你看看人家小丽的丈夫,又带她去国外旅游了。"丈夫总是笑呵呵地说,现在不是很好吗。可久而久之,丈夫认为小梅是看不上自己了,两个人开始冷战,婚姻也出现了危机。

女人希望自己的丈夫在事业上有所成就没错,但是她们大都犯了同样一个错误,那就是轻视丈夫的能力、贬低丈夫的工作和收入。

夫妻本是一体的,一切问题和困难都必须由两个人来共同承担。所以,不要嫌弃丈夫的工资少、地位低,更不要贬低他的职业不是令人羡慕的职业,不要把他说得毫无价值……

作为妻子,最有效的方法不是拿自己的丈夫和别人去比较,而是通过赞赏和包容的态度来为他减压,为他提供心理上的支持——当他陷于困境时,要表示理解和支持,并为他鼓足克服困难的勇气;当他取得成果时,与他同庆共享成功的喜悦。

为他营造一个轻松和谐的家庭环境,你的支持、认可和鼓舞就是丈夫最大的动力。

写给独自站在人生路口的女人

聪明的女人都会明白这些道理——扔掉你的埋怨,试着做丈夫忠实的粉丝,他将会努力百倍,为你们的将来更加上进!

04 追求爱,但不迷失自我

如果男人赞女人人,女人会认为男人是有目的;但要是男人不赞女人人,女人会认为男人太没绅士风度了。

人们常说一个人要拿得起,放得下,而在付诸行动时,拿得起容易,放手却很难。所谓放手,是指心理状态,尤其是现在二十几岁的女性,在这方面的免疫能力很差。她们的思想意识,常常被男朋友或者丈夫的言语或行动所左右,体现出来的是一种情绪波动大、突发性强的状态。

造成这些问题的原因主要在于女性的心态,她们过于重视男朋友或丈夫的想法,或者是太过于看重感情的重要性。因此她们常常会因为一些不经意间的动作而人为地制造出一些心理阴影,或者是无法走出曾经的心理创伤而抑郁寡欢。

张欣因所爱的人娶了别人而一病不起,家人用尽各种办法都无济于事,眼看她一天天地消瘦下去,家人、朋友真是看在眼里,急在心里。后来,她的妈妈便带她去看了心理医生。心理医生很快便找到了病情的症结,于是耐心开导她说:"其实喜欢一个人,并不一定要和他在一起,虽然有人常说'不在乎天长地久,只在乎曾经拥有'。但是并不是所有拥有的人都感觉到快乐。喜欢一个人,最重要的是让他快乐,如果你和他在一起他不快乐,那么就勇敢地放手吧!"

对于张欣这样的情况来说,她就是缺乏一种放弃精神,太过于执著于前男友给她造成的心理创伤,导致了她情绪上的失落,其实既然已经看到了结果就不应该再执迷,过于痴迷的爱造成的伤害远不止情绪上的。

《卧虎藏龙》里有一句很经典的话:当你紧握双手,里面什么也没有,当你打开双手,世界就在你手中。紧握双手,肯定是什么也没有,打开双

写给独自站在人生路口的女人

手,至少还有希望。很多时候,我们都应该懂得放弃,放弃才会使自己身心愉快,才会使自己获得快乐!

生活在今天的二十几岁的女人们为情所困的不少,然而也不乏潇洒理智的新时代女性,她们游走于感情的漩涡之中,从来不迷失自己;她们拥有自己的丈夫却从来对他们不唯命是从,有着自己的见解和主张,更有甚者更是左右着丈夫的情绪,这才是新时代女性应该拥有的聪明与才智。

看看当今的男女比例你就会重新衡量自己的价值,不会再为了男人的问题而烦恼了;看看那些大龄男人、离婚的男人,他们肯定是不幸福的,如果你的丈夫想要果断地去追求这种不幸福,那么你又何必为了阻止他而自寻烦恼呢?

其实,男人这种动物千万不能惯着,越惯越坏,越惯脾气越大,越惯你就越没有地位,相应的,你也就会越受气。适当地做个果敢而坚强的女人,让男人们后悔、追在屁股后面求你去吧!

05 闭上嘴巴,用心爱

男人最可爱的缺点是怕妻子,女人最讨厌的缺点是爱唠叨。

我们常常听到自己的妈妈或者别人家的阿姨每天不停地数落自己的孩子和丈夫,哪怕是一点小事,让你觉得可怕。可是当你步入婚姻后,就会逐渐发现自己也变得爱唠叨了,为什么呢?

结婚前,很少有女人爱唠叨,因为她们比较轻松,哪儿用得着担心家庭问题、孩子问题。可结婚之后,女人渐渐变得爱唠叨了,尤其是上了一些年岁的女人。

青春的流逝让她们倍感伤心与无奈。同时,在生活工作中力不从心的感觉也让她们焦躁。偏偏她们的苦恼又得不到别人的理解,比如挣扎在社会夹缝里的丈夫和正处于叛逆期的子女。在这种情况下,她们只有通过不断地重复自己的观点,来吸引人们的注意,直至这种方式成为一种习惯。

绝大多数女人通常都不承认自己的唠叨，而是认为自己在生活中扮演的是"提醒"的角色——提醒男人完成他们必须做的事情：做家务，吃药，修理坏了的家具、电器，把他们弄乱的地方收拾整齐……但是，男人可不这样看待女人的唠叨。

女人总是责怪男人不该把湿毛巾扔在床上，不该脱了袜子随手乱扔，不该总是忘了倒垃圾。女人也知道这样做很容易激怒对方，但她认为对付男人的办法就是反反复复地重复某条规则，直到有一天这条规则终于在男人的心里生了根为止。她觉得她所抱怨的事情都是有事实根据的，所以，尽管明明知道会惹恼对方，还是有充分的理由去抱怨。

看看男人的感受吧：在男人心里，唠叨就像漏水的龙头一样，把他的耐心慢慢地消耗殆尽，并且逐渐累积起一种憎恶。世界各地的男人都把唠叨列在最讨厌的事情之首。

在美国，每年有2000个"杀妻犯"承认之所以杀妻是因为妻子太爱唠叨；在香港，一位丈夫用锤子砸了妻子的脑袋，造成其大脑损伤。法官最终给这个丈夫判的刑期很短，因为他认为是妻子太唠叨，使得丈夫失去了理智。

写给独自站在人生路口的女人

心理研究人员发现,无论男人还是女人,哪怕是孩子,无休止地唠叨或指责对他们来讲,都是一种间接的、否定性的、侵略性的行为,会引起对方的极大反感——轻则使被唠叨者躲进"报纸""电视""电脑"等掩体里变得麻木不仁;重则腐蚀夫妻关系,点燃家庭战火。所以有人说,世界上最厉害的婚姻杀手,莫过于男人觉得妻子越来越像妈,而女人发现丈夫越来越像不成熟的、懒惰的、自私的小男孩。不仅如此,生长在爱唠叨家庭里的孩子,很容易成为软弱无能、缺乏个性的人。

所以,一个唠叨的女人,对整个家庭来说都是噩梦。试想当疲惫的丈夫回到家里,便陷入毫无头绪的抱怨和痛苦之中,而这时他最想做的,就是冲出家门。而年轻活泼的子女,更不能忍受你的唠叨,就算他们真得很爱你,但是大量的荷尔蒙会使他们做出更让你伤心的反应来。

那么,聪明的女人们,如果发现自己不知不觉中变得爱唠叨了,特别

是家人开始对自己有不满情绪了,就要引起高度重视了,这表明你需要学习家庭沟通艺术了:

1. 不要重复说同一句话

训练自己把话只讲一遍,然后就忘掉它。如果你必须很不耐烦地提醒你的丈夫六七次,说他曾经答应过要一起去做某件事。如果他现在已经在做了,你就不用再浪费唇舌多说几遍了。

2. 说话时要找好时机

傍晚时分,一家人身心都很疲倦的情况下,唠叨会成为家庭矛盾的导火索。智慧的主妇会创造一个温煦的港湾来接纳家人,夫妻间的矛盾到了卧室再谈,就会缓和许多。

3. 好好培养一下自己的幽默感,它会使你常常保持良好的心情

如果你对芝麻大小的事也会生气,早晚会精神崩溃的。所以要学会用宽容幽默的态度对待生活中不如意的事,而不是整天紧绷着脸。更别为了一些微不足道的芝麻小事,而将爱情变成了怨恨。

千万记住,你不可能用唠叨的话套牢一个男人,这样做的结果,只会是破坏他的心情和精神,毁灭你的幸福而已。

06　琴瑟和谐,演绎伉俪情深

两个人如果有缘相识,又两情相悦,牵手一生应该是幸福的。平淡的婚姻生活不同于炽热的恋爱,身处围城之中,要做到相互欣赏、相互体谅,相互容忍,相互进步,如此,才能和睦融融。即便是有所变故,也要坚信爱情,爱生活,爱自己。

《圣经》有言:"有的时候,人和人的缘分,一面就足够了。因为,他就是你前世的人。"茫茫人海中,多少人擦肩而过,多少人从此再也不见,但就是在对的时间遇到了对的人,这就是命中注定的缘分。

文坛巨擘钱钟书和杨绛的爱情恰恰验证了这句话。青春年华时刻,

写给独自站在人生路口的女人

两人于清华大学古月堂门口,初次偶遇,一个清逸温婉,知书达理,一个儒雅智慧,谈吐不俗,立时怦然心动,相见如故,从此倾心牵手一生,在文坛谱写一段旷世情缘。

对文学共同的兴趣让两人有说不完的话,相互欣赏的两个人共同进步,成就文坛伉俪情深的一段佳话。很多人都赞誉两个人的结合是天造地设的绝配。胡河清曾这样赞叹道:"钱锺书、杨绛伉俪,可说是当代文学中的一双名剑。钱锺书如英气流动之雄剑,常常出匣自鸣,语惊天下;杨绛则如青光含藏之雌剑,大智若愚,不显刀刃。"两人在俗世的生活中过着琴瑟和弦、鸾凤和鸣的生活,并甘心沉浸于只属于二人的围城世界中,自动远离尘世的喧嚣纷扰,闭门品茶读书,一间陋室只闻书香茶香。即便是在艰难动荡的岁月里,两人也是相濡以沫,相敬如宾。有了女儿阿圆,幸福随之翻倍。三人在平淡的日子中过着充满温情和趣味的生活,任时光静静流淌。后来随着女儿和丈夫的先后离世,杨绛以一个老病相催的弱女子过人的坚强独自承担着这份悲伤,依然笔耕不辍,整理钱钟书文稿,写就满怀幸福的《我们仨》。即便是百岁大寿之日,她也是淡淡地拒绝了外界的相邀和相扰,只嘱咐亲戚们各自在家为她吃上一碗长寿面即可。

钱钟书曾用一句话这样概括他与杨绛的爱情:"绝无仅有的结合了各不相容的三者:妻子、情人、朋友。"这对文坛伉俪,爱情里既有碧桃花下、新月如钩的浪漫,也有两人心有灵犀的默契与坚守。相互欣赏,深情相伴,两位先生的至深至真爱情为我们解读了伉俪情深的真正内涵。

相互欣赏,一起进步,终日厮守的两个人才不会有审美疲劳,日子也才会更加有趣生动。你读书我品茶,你写诗我绘画,你烹煮一锅饭香,我采来一束花香,想必这样的生活正是我们所求,也是经过努力或可拥有的模式。只是谨记懂得欣赏,不忘本真,不慕虚荣,不忘初心。

其实婚姻生活过久了,难免平淡,两个人朝夕相对久了,任何的毛病和缺点都会暴漏无遗,如何让爱情保鲜,让关系融洽,需要用智慧去呵护,用心去经营。在这一点上,著名的词作家乔羽为我们树立了榜样。在一次采访节目中,主持人向乔羽和他老伴儿这对耄耋模范夫妻探讨和睦相处的秘诀。出人意料的是,话不多言的乔羽老伴儿仅用一个字平和地作答:"忍。"一语惊四座,台下爆发出一片掌声。乔老含笑不语,主持人接着再问乔老有何"秘籍",乔老随口即答:"一忍再忍!"台下掌声更加热烈。乔老用戏谑的语言解读了婚姻生活的秘籍,忍不是无奈和软弱,忍是一种难得糊涂的大智若愚,是夫妻间虚怀若谷的涵养修炼。生活中多是家务琐事,对一些无关原则的小事情睁只眼闭只眼,一忍而过,一笑视之,生活就像一湖水,溅落的一粒小石子只能荡起一点生动的涟漪,其后依然是平滑如镜的风景。

美满的爱情让女人变得美丽无比,但是世事无常,事事有时并非所愿,即使有所变故,也依然要坚信爱情,美丽自己。

秦怡是银幕上一个美丽的童话,年轻时的秀美,年老时的优雅,风华绝代用在她身上并不为过,周恩来总理就曾亲切地称她为中国最美丽的女性。但是,就是这样一个美丽的女子,也经历了两段并不完满的婚姻,照顾了先后生病的丈夫和儿子,曾经所爱的丈夫和深爱的儿子离世之后,这位饱经岁月沧桑的老人而今已年逾九旬,满头华发,高贵典雅。虽然她的婚姻不甚如意,但是她依然相信爱情,爱人爱自己,从不幸中坚强走过,从艺70多年的美丽女人,收获了另一种形式的风华绝代。

两个人如果有缘相识,又两情相悦,牵手一生应该是幸福的。平淡的婚姻生活不同于炽热的恋爱,身处围城之中,要做到相互欣赏、相互体谅,相互容忍,相互进步,如此,才能和睦融融。即便是有所变故,也要坚信爱情,爱生活,爱自己。

《圣经》有言:"有的时候,人和人的缘分,一面就足够了。因为,他就是你前世的人。"茫茫人海中,多少人擦肩而过,多少人从此再也不见,但就是在对的时间遇到了对的人,这就是命中注定的缘分。

07　爱要自由,学会放手

女人不懂得经营婚姻,不懂婚姻的精髓在于沟通和协调,秉承中庸之道,男人一定无法回应,无法体谅,家里渐渐将被杂音弥漫;女人气势汹

写给独自站在人生路口的女人

汹,男人一定萎靡不振,身体受到摧残,精神感到压力。

人们常说男人有很强的占有欲,其实女人又何尝不是呢?

"丈夫只有一个,那只能属于自己"许多女人都有这样的想法,因此总是很喜欢将丈夫控制在自己所能触及的范围之内,让他们事事都尽在掌握!

不过,女人们往往想错了,男人们之所以怕妻子,不是为了逃避,而是一种理解与宽容,更是一种深情的爱。"管"丈夫是必要的,因为天下的男人们没几个能闯过"酒色"关的,部分男人之所以能马马虎虎地过"关",其主要原因就是因为有妻子管着。

而妻子之所以"管",多半是因为深爱自己的丈夫,因此很担心丈夫有外遇而不爱自己,正所谓"爱之愈深,责之愈切",于是要求丈夫在各方面都要依着自己,百依百顺,才能放心。

不过,"管"也是有上限的。首先是丈夫有错且不听劝告,其次一定要针对丈夫的脾气与性格采取措施。一位哲人说过:"在一个家庭中,最可怕的是妻子拥有丈夫的躯体,而他的心早已离去……"从社会和心理学的角度来分析,"妻管严"实为一种病态的反映,是家庭生活的一种腐蚀剂,也是背在两人感情上的一个大包袱。

婚姻专家指出,如果妻子在家庭中总是制造出一种"妻管严"的局面,大权独揽、说一不二,而做丈夫的只能唯命是从,谨小慎微。从表面上看妻子将丈夫控制得周密,但在其服服帖帖的背后却隐藏着极大的危机。它不仅会使丈夫成为毫无进取心的庸人,而且能引起丈夫的逆反心理及心理变态,甚至发生家庭关系破裂。

曾经有这样一位"妻管严"的丈夫,一次在朋友家跳舞回家晚了,妻子在家早已严阵以待,回家后即被盘问一直到凌晨两点。事后还深入群众、同事中做了调查:舞会是否关过灯? 开的是几支日光灯? 跳的是什么舞? 最后丈夫火冒三丈,忍无可忍,提出离婚,理由很简单:我要活得轻松点、自由点。

因此,聪明的妻子"对付丈夫"一定要讲些策略。不管用微笑,还是用眼泪,不管用撒泼,还是用撒娇,一定要站在对方的角度考虑一下,否则长此以往,丈夫的心可就会从你身边溜走了。

第二章 投资靠眼光,幸福靠能力

当然,在这个诱惑满街的世界,不是所有的男人都有柳下惠的定力,但女人如果动不动就河东狮吼,一有风吹草动就动手动脚,不惜以死相威胁,把男人盯得死死的,只怕他难以忍受,为了"自由",只会离你越来越远,因为女人并不是唯一的太阳,行星也会脱离轨道。

男人因为有了女人才有了家,家是世界上最温暖的地方。没有一个男人不恋家,只要你的家充满理解,充满温馨,让丈夫在这里得到充分栖息,没有哪个男人会放弃自己的家,如果真有那些不想回家的男人,你死死抓住,就能拥有吗?因此,作为女人无须患得患失,总害怕失去。给丈夫一个"放心",好好充实自己,丈夫会更爱你。

08 信赖而不依赖

管了却像没管,管了却还让丈夫心存感激,这才是"管"的最高境界。如何管理丈夫是一门学问更是一门艺术,懂得管理丈夫的女人,会像放风筝一样,给他广阔的飞翔空间,而她们就是那个手握风筝线的人,要

写给独自站在人生路口的女人

时紧时松,收放自如:太用力了,线也许会断;太松弛了,风筝也许会搁浅。而维系在双方之间的那根线则是感情、家庭和责任。

大多数女人的本意是:想要管住一个男人就必须抓住两个方面——男人的钱包和手机。经济和行踪都管理好了,一个男人想花心也难。

俗话说"男人有钱就变坏",这似乎已经得到了大量实践的验证。为此,有些女人干脆把丈夫的工资先统一收缴"国库",再按月发饷。这样做,尽管从管理力度上来说非常彻底,但从技巧上来讲却不近人情,而且男人出门在外要靠钞票充门面。我们可以每个月"征收"丈夫工资的一部分,作为家里的公共基金,当然你也要上交,这样既不会让丈夫觉得受到不平等的压榨,又达到了给丈夫钱包缩水的效果。

哪怕你再想知道丈夫的行踪,也不要贴身追踪,隔两三个小时就打电话查岗,这样做的结果只会让丈夫厌烦,更伤害了男人的自尊。我们完全可以先进入丈夫的社交圈,与丈夫的同事朋友交朋友,如果可能的话,更要跟那些太太交朋友。一旦太太同盟形成,丈夫们的行踪便尽在掌握了。

事实上,并非所有管丈夫的妻子都担心丈夫在外面有外遇,而是因为太心疼对方,什么事情都想替他操心:他约了朋友吃饭到点了还在上网,你要管;他的表妹过生日,他买了个礼物,你还是要管;他哪怕是去银行取个钱,你都担心他把密码告诉别人……为什么你事事都想管着他呢?是因为你爱他。曾经有人说过:"当你觉得这个男人像孩子一样,任何人都可能欺负他的时候,证明你已经爱上他了。"

可是,可爱的女人们你们可知道,他在认识你之前,还不是一样活得好好的?一样和上司朋友打交道,一样给表妹过生日,一样去银行取钱……说不定你这样管了,你的丈夫还不会领情呢——他会觉得你不信任他,在你眼里他什么都不是,从而产生了逆反心理,以后做什么事情,去哪里见谁,再也不让你知道了。还要提醒你的一点是:千万不要把婚姻看作生活的全部,而对丈夫过于依赖,以免这个城堡不堪重负被压垮。除了婚姻还有很多其他社会活动需要你的参与,譬如工作、关心父母、朋友、自己,以及各种广泛的社会活动。如果把自己的一切都和他绑定了,那你也就成为了他的附属,这样于自己是一种枷锁,于别人是一种负担。

09　婆媳和，家庭幸福多

婚前婆婆对儿媳妇好，丈母娘挑剔准女婿。婚后丈母娘对女婿好，婆婆挑剔儿媳妇。

婆媳之间由于教育程度和生活环境不同，所以做事的观点就不一样，有了歧见，就有是非，无论如何，你是媳妇，必须孝顺公婆，勤劳家务，和亲睦邻，节俭朴实，相夫尽礼，教子有方，尊重自己的人格。

生活中难免会有不如意，年轻人和老人的思想本身就不同，遇到问题及时沟通、解决，不能总拉长着一张脸——"猴子不吃人，样子难看"，这样会引起许多不必要的误会。以上各点如能切实做到，不但现在是个好媳妇，将来也是个好婆婆。

写给独自站在人生路口的女人

婆媳之间处好了就是母女的感情。彼此要相互尊重,有什么事全家协商着处理,如经济开支、如何教养第三代等要共同商量,养成民主家风;而属于个人的"私事",则应互不干涉,个人享有"自主权"。作为媳妇,要多尊敬婆婆,因为婆婆年岁大,管家或教孩子的经验丰富;做婆婆的也不要总是在媳妇面前摆架子,要看到儿媳的长处,多尊重儿媳的意见,特别是教养孩子的问题。婆媳长年生活在一起,难免会发生一些不协调的事情,这时就更需要双方相互谅解。

我们的先辈在处理人际关系中所提倡的"设身处地""以己度人""己所不欲,勿施于人"等原则,都包含着谅解的思想,是处理人际关系的"金玉良言",也完全适合于处理婆媳关系。

婆媳之间一旦发生摩擦,不管孰是孰非,做媳妇的一定要先忍让,万不可针锋相对。婆婆说什么,只管听着,等事后双方都心平气和了,再探讨矛盾的起因与解决方法。这样一来,婆婆面子十足,自己今后也会想法子弥补自己的过失,你在婆婆眼中更是一个识大体的好媳妇,也解了丈夫的后顾之忧。

此外,婆媳双方平日有了分歧,切忌向邻居、同事或朋友乱讲。我国民间有这样一句俗语:"捎东西越捎越少,捎话越捎越多",说的就是"传话"在人际关系中的不良影响。婆媳失和,向亲朋邻里诉说,传来传去,面目全非,只会加剧矛盾。

上了年纪的人感情相对脆弱,怕孤独,爱唠叨。作为媳妇,如能与婆婆多聊家常、多做家务,多买点老人喜欢吃的东西,会极大地在老人心目中塑造对自己的好感。除了物质上孝敬之外,还应注意和婆婆搞好感情交流,消除心理上的隔阂。因此,做媳妇的平日里要经常向婆婆嘘寒问暖,每逢老人身体不适,更需悉心照顾。家里的事媳妇不管如何做,都应该和婆婆通报一声,让婆婆也有满足感。

古今婆媳处不好的很多,原因就是自私。有的说,我从前当媳妇好苦啊!现在对你们这样宽厚,还不知足?像这种观念,不合时宜。好比说,她过去烧柴火煮饭,现在用电锅,不要媳妇上山砍柴,这是时代进步了,哪里是宽厚?有的怨恨心重,认为以前受了多少苦,熬了几十年,才当了婆婆,如果不好好的威风一下,太吃亏了。还有一种人,对自己的女儿好得很,有好吃的媳妇别想,有难做的女儿没份儿,这也是构成婆媳不和的原因之一。

假若婆婆能够这样想:我的媳妇是别人的女儿,我的女儿是人家的媳妇,人家虐待她,我心里会难过,我虐待媳妇,别人也会伤心。反过来又何尝不是呢?别人的妈也是妈,将心比心,你的真诚一定能换来婆婆的真心。所以说,不管家庭环境的好坏,给予婆婆的待遇一定与你的亲妈平等,这样彼此间的感情就融洽了。

10　明知明察,做知心爱人

一旦跨进婚姻的大门,你已经没有理由推说自己不了解婚姻。如果

写给独自站在人生路口的女人

你对婚姻的期待还只能停留在不休的抱怨之中,你必须及时重新反思婚姻。你不是儿童,这一切也不是儿戏,接受自己还是改造自己你需要给出一个肯定的答案。当然也包括是接受还是改造你的爱人。

社会普遍对男性的行为和思想有特定的期望。从孩子开始,男性在表达感情方面受到压抑,较少谈及情绪和直觉,使他们生活在一个思想框框里,影响与妻子的相处。如果你的丈夫有以下的想法和困难,不妨参考一下专家给他开列的有利精神健康的想法,这样他会发现,同一件事件,可以从不同角度处理,可以"化难为机"。下面来看看男人由哪些错误想法。

错误想法一:男人是一家之主,要为女人遮风挡雨。

男人造成的困局:从不给予自己喘息的机会,令身心过度耗损。

有利精神健康的想法:在经济低迷下,失业或工作不足是非常普遍的。丈夫切勿因此而觉得自卑或感到无用。一个家庭的经济不一定由一个人完全支持,由两个人分担总比一个人轻松得多。工作压力是影响男人身心健康的其中一个主要原因。有时候会将工作的负面情绪带回家里影响与家人相处。学习分享感受有助减低压力和建立关系,快乐时,应和妻子分享笑声;遇困难时,让妻子分担忧虑。家庭是两夫妇共同建造的,当中的苦与乐是大家一起去分担和分享的。请给妻子并肩作战的机会。

错误想法二:男主外,女主内,家务是女人的天职。

男人造成的困局:在家务分工上斤斤计较,两夫妻相处容易有摩擦。

有利精神健康的想法:当今社会,虽然表面上现代男女平等,但实际上古今中外很多地方是妻以夫贵。

例如,美国前总统里根的夫人。当里根下台后,她的第一夫人宝座就马上让给布什夫人了,她一下就降为平民。女人由于经济、社会地位等不能与男子相抗衡,便更容易有自卑心理。希望做丈夫的能理解,更多地尊重她,健全她的自尊心理。即使为丈夫倒杯茶,也希望能听到一声谢谢,或礼貌的笑容,别使她感到自己不是家庭主妇,而是家庭保姆。家庭是大家拥有的,所以家务应该彼此分担,互相协调。好丈夫是要"全面参与",建立一个美好家庭的。如果确实没有时间做家务,也要在繁忙的工作中,

我们的精神是平等的

抽时间培养夫妻间的感情,丈夫可以每天对妻子说一句欣赏的话,增加沟通的机会。

错误想法三:男人结婚就是被女人束缚,会失去自由。

男人造成的困局:终日追忆单身的逍遥生活,对现状感到诸多不满。

有利精神健康的想法:妻子是我的终身伴侣,陪伴我共同计划人生,面对将来。请给妻子"与你漫步人生路"的机会。

错误想法四:辛劳一天,放工回家,妻子应煮好汤等我。

男人造成的困局:只从个人喜好出发,没有理会实际的情况,反令自己堕入失望的深渊。

有利精神健康的想法:妻子要工作又要处理家务,其实大家都有自己的难处,相信她已尽了最大的努力去关心和照顾丈夫。请给自己"表现谅解"的机会。

错误想法五:男人应该时刻表现坚强,给予女人安全感。

男人造成的困局:报喜不报忧,自己承受所有痛苦。

有利精神健康的想法:男人也是人,有坚强亦有软弱的时候,应该勇于接纳,开放表达。请给妻子拥抱安慰的机会。

写给独自站在人生路口的女人

错误想法六:结了婚就应该抛弃浪漫,只要踏踏实实过日子就可以了。

男人造成的困局:使妻子对平凡的生活失去耐心,容易造成红杏出墙。

有利精神健康的想法:女人的浪漫从来不会因为年龄的增长而稍有消减,也不会因为婚姻的现实性而放弃,给女人一个远期的梦想并不需要男人付出什么,却能让她们感觉幸福,同时也能使她们更易于接受男人的过失和男人对婚姻供给的不足之处。对她的生日、俩人定情及结婚纪念日,恐怕男人很少记得了,可是她却记得很牢。有一对德国老夫妇,每年某日必到一个咖啡店,身着盛装,坐在一个固定位置,共进点心后,便很亲密地挽着手走了。年年如此,店主奇怪,后来才知道他俩数十年前就在此处定情,所以年年重临旧地,以温旧情。希望你能记住这些值得纪念的日子,清晨醒来,给她一个亲吻,若出差外地,也该写封信来,说明你没有忘记她。

错误想法七:已经给你钱了,要买东西自己去,别来烦我。

男人造成的困局:妻子认为你不关心她,造成感情破裂。

有利精神健康的想法:夫妻间希望有话要商量,这叫依托与沟通心理。例如她购到一件称心的衣服,或辛辛苦苦买来样紧俏商品,征求你意见时,希望你予以肯定、同情、赞赏,或以行动言语表达你的满意,这样她就心里踏实了。

当然,对于你的丈夫可能错误想法还有很多,诸如:"唠叨是女人绝对不可原谅的弊病""妻子为一点小事争吵是找碴""女人做啥啥不行"……

总之,为了自己幸福也好,为了你丈夫的思想健康也好,作为妻子的你都应该及时地让他知道你已经了解了他心中的这些想法,你能够给予它正确而积极地改正方法。只有这样,你的丈夫才能向优秀的行列靠近,而你所期望的幸福也会逐渐到来。

11　简单生活快乐相对

"不比不知道,一比吓一跳",还是不要让自己心惊肉跳、嫉妒心十足的好。

只要是女人扎堆儿的地方,其气氛就是复杂、紧张的,虽有"三个女人一台戏"的说法,可那是在彼此之间没有利害冲突、并且短时间相聚的女人间的事。长期工作在一起的女人们,绝没有那么洒脱和亲密,女人看到的往往是别人比自己好的地方,并因此心境难平。于是,她们就和对方不断攀比。

一辆新车、一套新衣、一双新鞋、房子大小、孩子成绩、丈夫地位……大事小事都会成为女人攀比的对象。她们在攀比之中,或是心满意足、趾高气扬;或是孤芳自赏;或是醋意大发、怨气横生;总之几家欢喜几家忧愁。如果有人知道女人的这个毛病,忍让一些,想要息事宁人,其结果往往是对方把别人的谦和有礼当成软弱、淡泊超脱当作无能,在争斗比试中活得有滋有味。实际上,这种非工作的斥力,正是让我们活得苦、活得累、活得不舒心又难以改变的缘由。

刘斐就是一个爱攀比的女人,她的家庭不算富裕,但是她看见同事张会计买了辆新车,就觉得自己也应该买一辆。于是她便借钱买了一辆和张会计的车一模一样的,甚至连车身的颜色都一模一样的车。刘斐是觉得开车美极了,可以戴上墨镜四处飞奔,可以在人多的地方到处炫耀。但是令她没有想到的是买了车还不算完事,还得要买油,还得交纳保险养路费等等。这给本身就不是很富裕的家庭带来了很多经济负担。有着攀比心的人确实会很累,别人有什么自己就要有,借着外债过着紧巴巴的日子。

那么怎样才能做到不攀比呢?

1. **树立正确的竞争心理**

看到别人在某方面超过自己时,不要盯着别人的成绩怨恨,更不要把

61

写给独自站在人生路口的女人

别人拉下马,而是要采取正当的策略和手段,在"干"字上狠下工夫。

2. 树立正确的价值观

肯定别人的成绩,虚心向别人学习。

3. 提高心理健康水平

心理健康的人总是胸怀宽阔,做人做事光明磊落,而心胸狭窄的人,才容易产生嫉妒。

4. 摆正自己的虚荣心

(1)追求真善美。

(2)克服盲目攀比心理,一定要比就和自己的过去相比,看看各方面有没有进步。

(3)珍惜自己的人格,崇尚高尚的人格。实际上,上帝对每个人都是平等的。上帝给谁的都不会太多,也不会太少。偶尔给错了,多给了,他还会收回去,收的时候也会多收,连本带利。对女人而言,不要处处攀比。当在攀比的过程中遇到不幸的时候,不要埋怨上天的不公,也不要去渴求别人的怜悯。任何方式的同情都是廉价的,面对现实,积极乐观,努力找到生命的另一个窗口,去唤醒黎明,在痛苦中崛起,才会展现你最美的一面。

攀比没有什么好处,女人在无休止的攀比中煎熬着心灵,进行着最无用又最催人衰老的"战争",在时间的推移中,既失去了外在的美丽,又失去了内在的美好。

第三章

做一个经济独立的女人

女人的独立自主要先从经济权独立做起,单身的女人财务问题固然要自己打点,已婚的女人,家庭经济权如果不是自己负责,就算是想省事不插手,也绝不能糊涂。

有了经济独立权,才有充裕的发言以及成长空间,才能在家庭说了算,也才能把生活纳入自己的轨道。

写给独自站在人生路口的女人

01 做魅力"财女"

有钱的男人叫大款,有钱的女人叫"富婆"。对于女人来说,"富婆"比大款要好做、易做!

"我想做个有钱人!"二十几岁的小女人们可能无一例外地都这样想过,然而对很多人来说,"有钱"只是个模糊的概念,大部分人都不知道怎样才算"有钱",以及如何才能达到这个目标。

很多人认为,只要有大笔的钱进账就能变得富有,其实未必尽然。生活中我们可以看到很多年薪 8 万到 10 万甚至更多的高级白领,日子过得跟薪资水平仅及其 1/3 的人一样。银行里没有多少存款,消费上常常出现赤字,买房的计划也是遥遥无期。

一些人之所以能够舒服地退休,在于他们事先计划和透过一些隐形的资产来累积财富。一份高的薪水提供了人们累积财富的机会,但不会自动让人富有。如果你一年赚 8 万花 10 万,反而会破产。但如果你赚 10 万,投资 1 万元如银行存款、保险、证券上,持续几十年,则将会积累起巨额资产。这才是财富!才会给你一个稳定、积极的人生!

另外一个关于财富的错误观点是,认为它必须是对身份地位的炫耀。例如,拥有一栋大房子,或每年做长达三个星期的旅游等。拥有一些"东西"并不全然代表这人是富有的,事实上,这些东西还会拖累资产的累积。如果你收入中的相当部分是用来支付一个达四位数的住房贷款,或者是偿还先前累积的债务,那就不可能有什么钱省下来投资,资产的累积也会变得极其缓慢。

可能有人会说,靠小心翼翼积累财富达到富有的人没有什么乐趣。其实大部分人在这个理财的过程中都是不乏乐趣的。他们的乐趣来自于他们累积的资产,并且成为了他们的理财目标之一。因此,要做有钱人,必须有积极的投资态度,进行认真地规划。无论你有多忙,都不应成为你花时间去积极投资的借口,因为现代科技的发展已能做到让你随时随地投资,比如在线投资。

如果你根本不懂金融,不知道怎样理财,然而财商专家告诉我们:每个人都有潜在的理财能力,"不懂"理财的人只是没有把它开发出来。下面就是专家给出的几点建议,正确地运用它们,你也可以积累起大笔财富,做个真正的有钱人。

1. 把梦想化为动力

你可以充分地设想你想要做的事,想自由自在地旅游,想以自己喜欢的方式生活,想自由支配自己的时间,想获得财务自由以不被金钱问题困扰……由此发掘出源自内心深处的精神动力。

2. 做出正确的选择

即选择如何利用自己的时间、自己的金钱以及头脑所学到的东西去实现我们的目标,这就是选择的力量。

3. 选择对的朋友

美国"财商"专家罗伯特·清崎坦言:"我承认我确实会特别对待我那些有钱的朋友,我的目的不是他们拥有的钱财,而是他们致富的知识。"

4. 掌握快速学习模式

学习一种新的模式。在今天这个快速发展的世界,并不要求你去学太多的东西,许多知识当你学到手往往已经过时了,问题在于你学得有多快。

5. 评估自己的能力

致富并不是以牺牲舒适生活为代价去支付账单,这就是"财商"。假如一个人因为贷款买下一部名车,而每月必须支付令自己喘不过气来的金钱,这在财务上显然不明智。

6. 给专业人员高酬劳

能够管理在某些技术领域比你更聪明的人并给他们以优厚的报酬,这就是高"财商"的表现。

7. 刺激赚取金钱的欲望

用希望消费的欲望来激发并利用自己的财务天赋进行投资。你需要比金钱更精明,金钱才能按你的要求办事,而不是被它奴役。

8.获取别人的帮助

这个世界上有许多力量比我们所谓的能力更强,如果你有这些力量的帮助,你将更容易成功。所以对自己拥有的东西大度一些,也一定能得到慷慨的回报。

培养理财能力对每个人来说都是非常重要的,对于二十几岁的小女人们来说尤为重要。因为二十几岁正是储备资金开始赚取大笔财富的年龄,这时如果能成功地理财,那么对你的一生都会产生非常有益的影响,至少是会给你足够自己开销的小财富。

02 精心持家,家旺财旺幸福旺

婚后的财权交给谁?生不生孩子?何时还完房贷车贷?……当你跨进婚姻的殿堂以后,一连串的问题就会清晰地摆在了女人的面前。

虚荣的女人比较多,而且虚荣的程度也比较强烈。但是这样的虚荣值,虚荣的有理。女人对于金钱有着不可否认的支配头脑。她们有钱时想到没钱时,所以女人的钱,总是花得长远。因此在一个一日不可无主的家庭中,女人就占了很大的优势。

对于"当家"一词,按照《现代汉语词典》的解释是:主持家务。当然,这个"家务"并非我们日常语中狭义的"家务",而是泛指家庭的一切事务,既管事,又管财,还管人,集 CEO(管事)、CFO(管财)、CHO(管人)三大权力于一身。也就是说,主持家务的当家人,是家庭这个单位里的最高行政长官。

从传统的"男主外,女主内"模式上来看,当今女人当家的比例较高。尽管女人在生理上、体力上的先天弱势,然而在很多职业领域已经显得微不足道了。相反的,女人的细腻、敏感、执著、坚忍,则使我们在很多领域都取得令人瞩目的成就。因此她们凭借着心思缜密,精于安排家用,心灵手巧地打理家务,自然而然地成为了现代家庭中管理财政大权的"一把手"。

● 第三章　做一个经济独立的女人

不过,也有很多男士不甘心这样的决定,他们往往会在这个问题上挣扎一番,试图做点什么挽回面子的事情,不过大多数聪明的女人都不会轻易防守财政大权的。

婚姻财富管理的话题对保持社会的和谐稳定其实是有着非常重大的意义的,所以女人如何有意识地运用金融工具,时刻保证家庭总资产的一半属于自己,既是技术问题,更是意识问题。

1. 婚前财产公证

婚前财产公证可以保证婚前财富累积已经到达一定水准的女人,在未来可能遭遇婚变的时候,先前的财产不会受到太大的损失。可是有人会觉得在即将步入婚姻殿堂、甜甜蜜蜜的时候,做这样的公证实在是有些说不出口,这也正是国外咨询服务业比国内发达的原因。不好说的话不必自己去说,你可以请律师、会计师、理财顾问作为自己的代言人,与自己未来的另一半做非常理性的沟通。如果资产数额较大且投资种类较多,婚姻财产公证需要有律师和会计师共同努力方可完成。

2. 婚后共同生活收入的报关问题

婚后的共同收入的报关问题,是许多聪明女人在婚前就与丈夫达成的良好的协议,她们保证了丈夫必要的日常生活、应酬的花销开支的支出,但是丈夫必须无条件地将自己的工资如数上缴,不得私建"小金库",这也使得他们的家庭在消费问题上不会出现不和谐的音符,而且这也是纠正丈夫"拈花惹草"的最佳手段。

3. 参与投资决策

生活上的重要支出以及投资理财,要有自己的参与和决策权,不给丈夫发挥大男子主义的机会。

在生活的消费支出问题上,女人们常常没有主见,诸如购买家电、理财的投资。但是她们与生俱来的竟价观念以及风险直觉,能够让丈夫在做决定的时候发现事物的本质,从而避免做"冤大头"或者"赔精光",相信,聪明的你不会放过这样的机会的!

劝导你的丈夫不要怕别人称自己为"妻管严",你会给他留足足够的应酬资金,绝对不会让他面子无光的,不过你也别忘了提醒他,终有一天那些挖苦你的人会对他的聪明决定而"五体投地"的,因为他有一个善于持家的好妻子!

03 让"钱包"鼓起来

钱包鼓鼓的未必是有钱人,有可能里面仅是一卷卫生纸谁又可知呢?

现在越来越多的女人加入职场的拼争中,尤其是一些二十几岁的女人,她们赚起钱来比男人毫不逊色。但是不可否认的是,她们中很多人在财务独立的同时,仍然没有意识到自己真正的财务需求,也没有明确的理财观念。

生活中我们发现,无论是事事以家庭为先的传统女性,还是"只要我喜欢有什么不可以"的现代女性,在理财上给人的印象,不是斤斤计较攒小钱,就是盲目冲动的"月光族",这都是很不恰当的。

造成这种情况,大概是因为女性在投资理财方面有这么几个误区:

1. 缺乏明确的理财观念

一项街头调查显示,美国有55%的已婚女性供应一半或以上的家庭收入,显示女性也越来越有经济能力来为自己规划财务。只是,女性还缺乏财务规划的主动性与习惯,53%的女性没有定出财务目标并且预先储蓄。有超过6成的女性没有准备退休金,其中有不少女性朋友认为"钱不够"规划退休金的。在中国,这种情况也相当普遍,很多女性觉得"我的目标就是养活自己,其他问题应该是另一半操心的事"。

2. 只求安全,不求发展

有不少女性不相信自己的能力,态度保守,甚至对理财心存恐惧。有调查显示,一般女性最常使用的投资工具是储蓄存款,其他还有保险。这样的投资习性可看出女性寻求资金的"安全感",但是却可能忽略了"通货膨胀"这个无形杀手,可能将定存的利息吃掉,长期下来可能连定存本金都保不住。

3. 喜欢盲从亲友

大多数女性不了解自己的财务需求,常常跟随亲朋好友进行相同的投资或理财活动,也就是说,往往只要答案,不问理由,明显地不同于男性追根究底的特性,采取了不适当的理财模式,反而造成财务危机。

4. 轻易交出经济自主权

二十大几的女性大多已经成婚,很多女性常在交出自己情感的同时,也在不自觉地将自己的经济自主权交到男性的手中。一旦情海生变,很可能伤了心不说,还落得一无所有。

其实,女性在理财方面因为细心和耐心,比男性有先天的优势,关键是要摆脱以上那些错误的认识,以下几个原则或许能给你一些帮助:

1. 明白自己的需要,拟定理财计划

先静下心来评估一下自己承受风险的能力,了解自己的投资个性,明确写下自己在短中长期的阶段性理财目标。

2. 学习理财知识,避免盲从盲信

许多周围的女性朋友总是觉得投资理财是一件很困难的事,需要专业知识,自己根本无法建立,因此懒得投入心力。其实要取得投资理财方面的成功,并不需要太专业的深奥的经济学知识。现在你投入心力累积的理财知识与经验都将伴随你一辈子,能帮助你建立稳健的财务结构,累积你需要的财富,这是你最应重视的投资。

3. 专注工作,投资自我

虽然善于操盘投资理财不失为女性致富的途径,但终归让你获得最多财富,并获得成就感的还应该是你的工作。毕竟,以工作表现得到高报酬,自我不断学习成长是一条最忠实稳健的投资理财之路。

理财能力对女人来说是非常重要的,会理财的女人才是真正独立的女人,你不能等到30多岁才懂得持家,就从现在开始,从管理好自己的钱包开始。

04　做经济独立大女人

吃不穷喝不穷,算计不到就受穷。

物质生活进一步的丰富,导致了二十几岁女人们经济上的困窘,为什么这么说呢,谁都不得不承认——女人的购买欲望是疯狂的。然而随着物质种类的增多,以及物价的进一步疯涨,相对而来的是工资的缓慢爬行,使得购买欲望膨胀的女人们不得不常常为了囊中羞涩而放弃了许多购物乐趣,当然对于有家的女人来说,家庭开销的日益增加也是她们烦恼的方面。

不过,随着理财时代的到来,大多数女人们都已明白了理财对于个人及其家庭生活质量能否"蒸蒸日上"的重要性。于是,众多聪明的女人们开始踏上不断学习更新理财知识的"征途",或者积极"投身"参与到理财"实战"中去,为的就是让自己不再为了没钱花而犯愁。

"君子爱财,取之有道",从这句话的深层含义来看,它告诫人们要通过正确的途径获得金钱,当然,现在泛指那些不违法犯罪的途径。其实,对于理财来说,正确的途径无非就是正确而谨慎的理财,才能获得更多的财富,不至于出现"越理财越少"的现象。

换句话说,投资理财必须要头脑冷静,踏实稳当,尤其是理性思维较差的女性,更为需要重视这些。对于女性而言,投资理财就得讲究严谨的思维与操作,不可只想追加资金发笔横财,继而忽略市场走势,做出错误的交易决定,最后难免功亏一篑。要知道:白日梦做得,但是不要在现实中去做,要脚踏实地。

关于谨慎思维与操作这点,建议女人们或者大多数的理财者多向温州人学习。据报:温州商人几乎都不炒股。在近几年多次的股市热潮中,温州商人集体缺席,作壁上观,让更多的业内专家叹为观止。

为什么一向头脑灵活的温州商人竟然放过了暴富的机会呢?当然不是温州商人不懂的赚钱,也不是他们胆小。要知道,温州商人敢闯而不乱闯,才造就了他们的成功。对于动荡不稳,缺乏安全感的股市来说,他们非常有耐心,宁可稳稳当当地从小钱赚起,而不去试图去一夜暴富,这种冷静的思维与沉着的理财赚钱观,值得所有投资理财的人学习。

有人认为,理财就是管好账,节省开支,理财的目标应该是省钱,但不完全是这样。

安萨里成为世界上首位女太空游客,尽管短短几天就花了2000万美元,她却说"绝对值得"。

为什么值得呢?这与个人的理财观有关,安萨里通过个人的理财投资,赚到了自己想要的钱,从而可以任意自如地挥霍,因为她不再为了钱而发愁,有能力通过自己的资金完成自己想要做的事情。所以说,理财的目的并非是为了省钱,而是为了能通过理财获得更多的财富,从而让自己的生活过得更加如愿,更加快乐。

有很多女性,总抱怨理财很困难,常常找不到方向,几次投资都血本无归,现在对于理财是恨多爱少。其实,理财并不难,迈向成功的步伐也不沉重,很多人栽跟头的主要原因在于投资的心理——人类的本能似乎不断地将人类拉向错误的一方。如果人们能够克服这些问题,就能在理财道路上一路畅通了:

1.切勿贪婪

想要成功理财至少要有一点点自我控制,尤其是在节制欲望,更要懂得适可而止的道理,俗话说"物极必反"适当收手才能赚到钱。比如你认

写给独自站在人生路口的女人

准 3500 点,就在 3400 点就收手也无妨,能赢能赚就好,你赢了赚了收手了,落袋为安了,别在乎别人比你多赢还是多赚。

2. 切勿轻率

在投资方面缺乏深入透彻的了解,总是听身边的人或者某些文章中的只言片语就头脑一热,大笔资金随之甩了出去。这种轻率的表现形式是要不得的。

3. 切勿自负

许多人总是自负地认为自己能赚到大钱,在这种心理的指导下,投资者会一意孤行很难听进去别人的意见,这样很显然会增加自己的投资理财风险。

"大行不顾细谨,大礼不辞小让"。要知道世上没有十全十美的事。留个余地,留个空挡,留个空间更安稳更放心,凡事不可十分,凡满的事,都不是好事。

4. 切勿浮躁

每个人在快节奏的生活和巨大的压力之下,总是希望能够一口吃成胖子，不能俯下身子踏踏实实地往前走。

人们常说"性格决定命运"，其实"心态也决定财富"。在你的投资理财之道的理念中，任何技术因素都是其次的，最重要的就是要有良好的心态。特别是当你投资股票的时候，这一点尤为重要。

总之，投资既是人人想做的事，又是一门学问。现代的女性，尤其是掌握家庭财政大权的女性更应该从实际出发，脚踏实地地投资理财才能得到较好的回报，否则将会置家庭于危难之中、生活于火热之中。

一位西方哲人说过："一个人劳动的最高赏酬不在于因为劳动有所获得，而在于通过劳动造就自己。"而有效的理财就是通过劳动造就自己的一大方式。我们只有合理地规划自己的财富，才可以有一个无忧的未来生活。

财务独立才是真正的独立。

手中有钱，心中不慌！

在这个现实的社会中，女人们到底应该占据怎样的社会及家庭的位置呢？恐怕一百个女人会有一百种说法，其实最重要还是女人自己的感觉。

在许多家庭中，女人们为了家庭牺牲了很多，她们有的完全退居二线做起了全职太太，有许多在职的女人也往往对工作失去了应有的激情而导致了无法加薪与晋升。

她们大多数都期盼自己的丈夫能够赚取更多的财富来支撑家庭的重担，企图靠男人来实现其自身价值，靠着丈夫的光辉来照亮自己。然而，这种想法确实是大错特错的，要知道，失去了自我的女人，真能靠着丈夫实现自己的价值、找到自己的地位吗？

因此，生活中总有一些女人口口声声说自己不幸，与此同时，她们只是站在原地等待奇迹，而不去争取属于自己的新生活。女人无论做了妻子也好，做了母亲也罢，都必须活出自己的价值。

许多女人都把男人视为自己生命的全部，这是一种极端的生活态度，男人只是女人生命中的一部分，生命中必定也必须还有别的寄托，孩子、事业、朋友、爱好……这样，即使生活中的一部分受挫，也不会影响到其他

写给独自站在人生路口的女人

的部分,这就是我们大多数人所说的,独立女人的幸福所在。

说到女人的独立,人们就会想到一个高举红旗、坚决与男人进行抗争的女人形象。实际上女人独立并不在于与男人的抗争,而在于找准自己的位置,不依赖于男人、独立是一种很高的境界,它需要高素质的心态和全新的价值观。

在经济上独立的女人有一种优越感,她们能够挺直腰板与丈夫争论权力与地位,而不是他们的怜悯与同情。这也是不少女人在经济上依赖男人,导致她们内心苦恼的重要原因。

经济上的独立感使得女人有尊严。而男人呢?在有尊严的女人面前才会有在乎。

男女生理的差异是上帝最伟大最科学的设计,尊重这种差异是人性中最美的良知。有些荒谬的理论家鼓吹女人像男人一样去拼搏,这其实是一个美丽的陷阱。要知道,女人超负荷运转去追求所谓的独立和价值不但会影响家庭的幸福,还会引发男人极大的不满与别人的偏见。

总而言之,男人与女人之间的和睦相处是以经济上的相对独立为基础的,如果在一个家庭里,女人没有任何经济来源,那么,这个家庭势必会有一些不和谐的因素在滋生。

一个完全要丈夫养活的女人不是一个独立的女人，所以我们不主张女人做全职太太。女人不应该因为婚姻而失去工作。只有工作才能让一个女人成为真正财务独立的女人，进而成为人格独立的女人。

现代女人一定要有自己的经济来源，不要总想着依赖别人，这样只会让自己丢掉尊严。要有自己的朋友和社交，有自己的工作，做个独立的个体，而不是一个只会依赖男人的青藤。

05 精当投资，享受理财收益

将钱放到正确的位置上，才能生出钱儿子钱孙子！

二十几岁成家之后的女人们大多会有一些积蓄，那么她们应该怎样理财呢？一些专家认为头脑灵活的女人们应该懂得"节流"不如"开源"，也就是说可以适当做些投资。

在投资之前，你必须对它有个清醒认识，投资绝不是一个钱生钱的简单过程，而是一个极具冒险色彩的复杂游戏，投资的方式是多种多样的，但每种投资都暗藏着大大小小的陷阱，你必须学会避开它们。投资学专家给出了一些投资时必须注意的要点，了解它们对正准备投资的你是非常有益的：

（1）投资不是多人的事情，而是一个人的事情。你必须自己做出判断。想投资，那就自己好好地研究你将要进行的交易。

（2）不要期望太高的回报。当然，期望你的投资每1小时能翻一倍，作为梦想是无可厚非的。但你要清醒地认识到，这是一个非常不现实的梦想。记住，如果年平均回报率能达到10%，就非常幸运了。

（3）不要被股票所迷惑。记住，公司的股票同公司是有区别的，有时候股票只是一家公司不真实的影子而已。所以应该多向经纪人询问股票的安全性。

（4）对风险要有足够重视。"风险"不仅仅是两个字而已，它值得每一个投资者加以足够的重视。所以，一个重要的原则就是，在购买股票之

写给独自站在人生路口的女人

前,不要先问"我能赚多少",而要先问"我最多能亏多少"。这条小心翼翼的戒律在最近几年好像已经不流行了,但坚信这条戒律的投资者们至少还是保住了自己的钱。

(5)弄清情况再出手。在不知道该买哪一支股票或者为什么要买这支股票的时候,坚决不要买。这一点尤其重要,先把事情搞懂再说。这印证了投资大师彼德·林奇的一句名言:"一个公司如果你不能用一句话把它描述出来的话,它的股票就不要去买。"

(6)发展才是硬道理。当你把目光投向一些现在正在衰败的公司的时候,这点尤其重要。记住:买股票就是买公司!

(7)不要轻信债务大于公司资金的公司。一些公司通过发行股票或借贷来支付股东红利,但是他们总有一天会陷入困境。所以在投资之前,先弄清对方财务状况,重要的是:学会看公司的财务报表!

(8)不要把鸡蛋放在一个篮子里。除非你有亏不完的钱,否则就应该注意:不要把所有的投资都放在一家或两家公司上,也不要相信那种只关注一个行业的投资公司。虽然把宝压在一个地方可能会带来巨大的收入,但同样也会带来巨大的亏损。

(9)不要忘记,除了盈利以外,没有任何一个其他标准可以用来衡量一个公司的好坏。无论分析家和公司怎样吹嘘,记住这条规则,盈利是唯一的标准。

(10)如果对一支股票产生了怀疑,不要再犹豫,及早放弃吧。

另外,针对女性投资者还有额外的几点建议:

(1)买房

如果你卖了原来的住房,最好在你卖房子的同时再买一幢房子,对于一名女性来说,拥有自己的资产能使你感到安全、稳定。同时买房子也是一种投资,房地产过一段时间总是会涨一点儿的。买个好地段,事前做好市场调查是必要的,然而价钱不要超过自己所能负担的范围。如果你把自己的需求拿给几家中介公司,你就可以找到合意而又付得起的房子。这也许是你第一次一个人处理自己资产买卖的事,你大可从中学习。下面就是一位女性通过房地产买卖致富的经历:

佳·桑玛士,一个年薪原来不到3万美元的教师,发现投资房地产并非高所得者的专利。她既非会计师,对房地产也一无所知,但后来她在房地产上的资产总值已超过百万。当然,你也可以办到。

根据佳的做法,中收入者可以利用出租房地产的投资,在10年内赚进百万。关键在于将房地产投资视为长期投资,也可视为顺应潮流的退休金制度。

步骤包括利用有效率的贷款、二次贷款等方式,来创造一种长期的投资。只要你拥有自己的家,就可以运用这种贷款方式创造财富。

即使你的家只是小小一个单位,你也可以利用它来购买另一个出租用的房地产。相信这是很好的投资,不管已婚或未婚妇女,都可使用这种方法创造未来。

(2)抵押

设定抵押应该多比较,选择能迅速偿还贷款的项目。如果你能自由偿还本金,则可省下很多利息。多找几家银行比较他们的抵押方式与利率。

(3)开创自己事业

如果你手边有一笔钱,那么你可以开创自己的事业作为后盾,而且也能创造周转金。当你决定做什么之后,就要做计划,并拿给财务顾问与银

写给独自站在人生路口的女人

行经理过目。投入资金之前务必先做市场调查,且必须确认你的点子是可行的。

(4)存钱

不论你的收入有多少,永远保留一些钱为急用经费。最好是存下10%的收入。先把该存的存起来,然后才付账单。储蓄以定存为宜,利息收入再投入储蓄本金。你可以利用一点一滴累积的储蓄,作为紧急之用或用于特殊场合。

而作为女性,你还可以在省钱上多下工夫:

(1)一星期上一次超市,不要太频繁。日常用品列表记录,遇缺才补。

(2)闲暇时不带太多钱逛街。

(3)谨守日常用品存货表,勿胡乱添购。

(4)设法在同一时间、地点购买新鲜水果、蔬菜、肉与杂货。

(5)购买一些你喜欢的折扣品,当礼物备用。

(6)今日的市场为顾客至上,注意比价,寻找最合理的价格。

二十几岁的职场女性越来越多,但她们中的很多人一想到把剩余的钱拿去做投资就不知道如何是好。其实投资并不是很复杂的事,只要你对投资项目多做了解,配合可靠的会计师与财务专家做好投资计划,那么你就可以尽情享受投资带来的好处与利益。如果能自己去上个财商课程,那是最好的。

06 未雨绸缪,做好应急准备

蚂蚁能够平安度过严冬,靠的就是往日的储备。

人有生老病死,天有不测风云。在现代的家庭生活中需要面临的应急事件很多,诸如意外的疾病;家电的意外损坏——更换零件或者修理甚至是购买新的;亲戚朋友结婚的随礼;孩子的额外娱乐要求……这些都是家庭意外支出的地方,作为家庭中掌管财务的妻子,甚至是单身独处的女人们都应该对于钱财有个规划,尤其是要留出一些"过冬的粮食",这样在有意外事情出现的时候,才不至于为了钱的事情而发愁了。

对于二十几岁的女人们来说,大都是刚刚步入生活,对于生活中的风险预测或者感知毫无经验,因此她们的工资往往都是月月光,或者那些聪明的女人们将大多数的资金投注到了长期的股票、基金当中,导致了手头可用资金的贫乏,对于风险和意外的应急能力相当的差。

王小姐是某手机品牌区域经理,月收入 7000 元。收入虽高,可支出更高。一年前买了一套小户型房屋,首付 5 万元,贷款 20 万元,月供 1400 元。其经常光顾高档购物中心,一次性购买几千元钱的衣服是"家常便饭",此外她还是酒吧的常客,每周至少泡吧两次。前不久,王小姐办了三张信用卡,两个月间就已刷掉了三万元。为了能够按时还款,王小姐费尽心思。

可想而知,对于王小姐这种情况——外债尚多,一旦出现意外,那后果将是不敢想象的。而造成王小姐目前困境的主要原因是消费过度,没有形成良好的理财习惯。摆脱困境的重点是控制支出,减少冲动型消费,养成理性消费的习惯。这就需要建立一个稳健的应急理财计划,以确保家庭生活的安全与稳定。

那么怎样才能留足"过冬的粮食以备不时之需"呢?

写给独自站在人生路口的女人

首先,要养成强制储蓄的习惯。每月将收入的一部分强制储蓄下来,当然存钱也是有学问的:在开始储蓄的时候,我们可以进行短期预存,诸如以三个月为周期的存款,这种存款方式比较适用于那些单身的、手头资金不多的上班族女性的。

为什么呢?对于她们来说,倘若将钱存到银行卡上相信是不会存不下钱的,以三个月为周期,不但可以抑制花钱,而且还能待小钱积累到一定的程度换成长期大额存取,这样既能存到钱,也不会因为应急事件出现花钱而无钱可花的局面。

其次,对透支信用卡说"不"。开源的首要任务就是"节流",只有手中有钱才能"开源"。如果你能确实节流,减少这类吃喝玩乐的开销,每月省下一笔不菲的资金也就不算什么难事了。财富的累积速度本来就需要时间帮忙,如果你总是怨叹自己是"月光族",却又羡慕那些开名车、有千万存款的精英女人,那么,首先就是要对信用卡说"不"!

现代女性要有预算观念。千万不要有"手中一卡走遍天下都不愁"的观念。要知道,信用卡不但能让你感受到花钱的豪爽,同时还能让你感受到还债的艰辛。

第三章 做一个经济独立的女人

再次,制定开支预算,记收支流水账。建议年轻的女人们每月根据支出内容,为各类支出制定预算,在预算额度内进行消费,尽量不超支;记录支出明细,定时进行分析,减少不必要的开支。

聪明的女人会时时刻刻盯紧自己的收支状况,身边会有一个小账本,把每天的消费支出都记下来,然后每个月进行比较总结,看看哪些钱该花,哪些钱不该花。然后在下个月消费时就会注意,从而节省开支。

而收集发票也是一种简单的记账方法,因为收入多半是由公司直接存入户头,支出较为复杂。将发票按日期收纳好,不但可以兑奖,还可以从中分析出自己在衣食住行上的花费,更可以让自己成为小富婆。

相信做足了以上的功夫,女人们的手中都能留下一些可以用于"过冬的粮食",而你的家庭生活也会因为拥有充足的"过冬的粮食"而越发的幸福,同时,你也大可不必再为了意外的发生而怨天尤人、追悔当初了!

写给独自站在人生路口的女人

07　会花会赚，掌控金钱

花多少赚多少甚至更多,这才叫本事!

现在流行"财商"这个概念,什么是财商呢? 简单地说,财商就是一个人认识、把握金钱的智慧与能力,主要包括两方面的内容:一是正确认识金钱;二是正确使用金钱。

一个人怎样使用钱(包括投资赚钱和消费花钱)是检测其财商高低的唯一方法。犹太人亨利·泰勒在他写的《生活备忘录》一书中就指出:"从一个人在储蓄、花销、送礼、收礼、借进、借出和遗赠等方面的做法,就知道一个人能不能赚钱。"

"会花钱就等于赚钱"。乍一听,总觉得有悖于中国的传统常理。在中国人的传统理念里,能赚会花总是和吃喝玩乐联系在一起。所以有不少中国人在挣了一些钱之后,总喜欢深藏不露。更有甚者终其一生,花费甚少,身后却留下巨款一笔,让人大吃一惊。现代女性会花钱的比比皆是,同样的钱放在女人手中总是比男人们精花,而且她们也会花,当然这并不是泛指所有女性,社会中自然也有不少东北人常说的"败家老娘们儿",她们的工资月月光,而她们的所购之物性价比太低,钱也大多数都属于冤枉钱。

会花钱就等于赚钱看来还是有前提的,不是花10元钱,换来了10元的货这样简单,而是花了10元钱,得到了12元,甚至更高价值的商品,这才是真正意义上的赚。会花钱就等于赚钱的前提是花费之前多思量,凭一时冲动或心血来潮花钱,其结果常常是换来了一时的快感或满足,并没有得到更多的事后利益。当然,这种经大脑思考过后的决定,可不是婆婆妈妈讨价还价或优柔寡断地无从选择,而是在消费之前将自己定位成一个合格的市场调研员。

会花钱等于赚钱的最高境界应该是在和朋友们一起分享那份物超所值带来的喜悦。社会发展至今,周围的人似乎都是高智商,兜里的钱很容

易被别人赚去好像是好久以前的事情。

花钱是一门学问,有的人花了1元却挣了100元,有的人花掉100元却一文不赚,更有甚者,全部赔光亦有之。

曾在一本时尚类杂志上刊登了一篇对某知名演员的采访文章。文中提到了她的消费观,她说她与另外两个好友是三种消费观不同的人,如果有10元钱,她会花5元,另外一个则会花10元,而第三个则只花3元。

看完后不禁一笑,原来自己也是她们中的一个啊。而现在花多少已不是关键,新观念就是花了10元后能赚多少。

并不是每个人都"会花钱"。"会花钱"是花了100元钱,得到了150元甚至更高价值的商品;更有些深谙花钱学问的聪明人,花了1元却挣了10元。在不放弃生活的享受,不降低生活的品质的前提下,"花最少的钱,获得更多的享受",这正是"会花钱"者的过人之处。

生活中的每一处细节,"会花钱"的人都会利用得恰到好处,把每一分钱都花在刀刃上。"我有钱,但不意味着可以奢侈"是他们的心态;"只买对的,不买贵的"是他们的原则。

俗话说,"吃不穷,穿不穷,算计不到要受穷",但如今社会不断进步,生活水平日益提高,勤俭持家、使劲攒钱的老观念已经落伍了。"能挣会花"日渐成为最流行的理财新观念。

写给独自站在人生路口的女人

女人能赚钱,并不能说明她有品位、会生活,懂得人生的乐趣。评价女人的生活能力要看她怎么花钱,或者说怎么对待钱。女人应该知道怎么把钱花出去,应该知道如何经营好自己的家庭、经营好自己。赚钱是技术,花钱是艺术。赚钱决定着你的物质生活,而花钱则往往决定着你的精神生活。同时,会花钱的女人还能从花钱中感受到生活的乐趣,从而使赚钱成为一项有意义的、快乐的事情。

08　细心谋划巧投资

聪明的女人懂得"靠钱赚钱"的道理!

在世俗人的眼中,成功与有钱是等同的,然而先进的社会就是世俗的社会,往往通过金钱的多寡来衡量一个人的成功与否。如果你才高八斗,拥有一个博士的衔头,身家却不到百万,你也不能算作成功。但是,如果你只是中学毕业,却拥有千万的身家,没有人敢说你不成功。

薪酬的高低与财富的多寡是没有关系的。一个人的教育水平高,他的薪酬就会高,也就是说他赚钱的本领高,这就是所谓的"人赚钱"本领。但是财富的多寡是取决以"钱赚钱"的本领,跟"人赚钱"的本领是没有关系的。人要发达是靠钱赚钱，不是靠人赚钱，女人更是如此。

很多女人都抱有这样错误的观点：我就有这么点儿钱，怎样用钱来赚钱呢？

那就让我们来举个例子来结束这个问题：

如果今天你的家底是一百万，你要多久才能成为千万富翁？

如果你的答案是十年，恭喜你，你已经懂得钱赚钱的本领，因为你不可能是用人赚钱的本领在十年内赚到九百万。

如果你的答案是，你这一辈子无法赚到九百万而成为千万富翁，那么你就是一个只懂得依靠"人赚钱"的平凡人。

如果你懂得钱赚钱的本领，能在十年内把百万变成千万，那么同样的你也能把十万变成百万，或将一万变成十万。

以此类推，从一万变成千万，也只需要的三十年。所以说，你不需要太多的钱，只要你懂得钱赚钱的方法就行。

每个人都说要成为百万富翁很难，但是假如你问一个白手起家的千万富翁，如果要他们从零开始，要他们去赚第一个百万，他们会觉得不难，其理由很简单，因为他们已经有了钱赚钱的方法和本领，只要他们先用人赚钱的方法去赚几千元作为本钱就完全可以了。

那么，我们该怎样去用"钱赚钱"呢？

第一，设定个人财务目标。计算你自己每月可存下多少钱、要选择投资回报率是多少的投资工具和预计多少时间可以达到目标；

第二，树立正确理财意识。当你拥有了"第一桶金"后，排除恶性负债，控制良性负债。财务独立的第一步就是买一份适合自己的保险；

第三，培养记账的习惯。记账的好处在于你在财务有需要节流时，知道从何处下手；

第四，多看理财类专刊。多看理财类报刊文章，逐步建立起理财意识与观念，或者认识一些专业的理财人士。

而对于一个女人来说，在很多家庭中都承担着理财的重任，作为一个尽责的妻子是能让钱生钱的。

1. 理财不是发财，头脑不要太热

写给独自站在人生路口的女人

新婚不久的王女士,很顺其自然地任家庭中的"CFO",每个月给丈夫发零花钱。

婚前已在股市上尝到甜头的王小姐,当然不会放过婚后的共同财产了,她准备把家里所有的钱都拿出来投进股市。不过她丈夫的一句话把她问住了,万一赔了,是你不要我了,还是我不要你了呢?

我们建议你千万不要像王小姐那样,把所有的钱都投入股市,因为股市风险大。

当然了,别说现在股市不太好,就是股市好的时候,也不能这么做。想要通过炒股、投资来迅速致富的想法大错特错。女人理财最忌讳的就是头脑发热,过度追求迅速致富。

2. 初学理财,试试长期投资

严女士26岁了,为了生孩子前两年离职在家,现如今孩子生完了,又回到了工作岗位,工作相对轻松的她,除了照顾孩子同时也掌管了家中的经济大权。有了孩子的严女士,不禁提前为孩子的将来打算起来了,掐算着小学花多少钱,初中花多少钱……甚至留学需要多少钱她都算计着。这么一算计不禁觉得心头紧张,这个数目是巨大的。最近,受别人的"怂恿",严女士的心思开始活泛起来,但该怎样理财,她心里也没谱。

许多家庭主妇都把银行存款作为首要理财方式,一方面是没有投资理财经验,不知从何下手,当然更多的是缺乏投资理财观念。

像严女士这样的情况,就更需要仔细筹划、谨慎理财了,首先她应该多了解学习关于理财的知识,毕竟年纪还轻、孩子还小,理财尚不算晚。既然严女士已经开始谋划着如何理财了,那么她的"靠钱赚钱"的路也便不难在日后找到了。

细心谨慎是多数女人的特质,却也成为女人投资理财概念、无法掌握瞬息万变的局势,更是女人不敢放手一搏的借口。踏出投资理财第一步,学会"靠钱赚钱"才能做个轻松的女人,才能将家庭生活打理得红红火火!

第四章

蕙质兰心巧布置,厅堂厨房两相宜

新时代到来对于新时代的女性也有了相应的规定,这个时代不光男人压力大了,女人的压力同样大了,至少应该满足"上得厅堂、下得厨房"这两条才能称得上持家好妻子,现代好女性!

那么何谓"上得厅堂、下得厨房"呢?如下解释:"上得厅堂等于体健貌端,学业优秀,工作体面,薪水不菲,让丈夫在人前有面子;下得厨房等于操持家务,相夫教子,任劳任怨,还能时不时菜谱翻新。"这自然难倒了不少小家碧玉,然而却难不倒现代的时尚女性们。

写给独自站在人生路口的女人

01　变换角色巧经营

　　男人都不愿意做"家庭妇男",更不愿意做成功女人背后的男人!

　　男人骨子里天生就有一股孩子气,心理学上称其为"恋母情结"。恋母情结是男孩成长为男人的必经阶段,心理成熟的人会成功地从恋母情结中分离出来,过渡到其他女人身上,这个人就是妻子。

　　大多数男人在女人那里至少有两种身份,那就是丈夫和儿子的身份,而这两种身份总是在不断地转换。往往这些男人总是会要求女人像母亲那样照顾他,对他包容,当这点无法满足的时候,夫妻关系就会发生问题。

　　当两个人走入婚姻殿堂的时候,男人被称作新郎,称女人为新娘,这是有一些说法的。其实,"郎"在古语里是小孩子、儿子的意思,"娘"就是母亲。女人在成为一个男人的新娘的同时,也就意味着她将成为这个男人的第二个母亲。

　　在现代人的感情世界里,男人更需要一个像母亲一样的女人,生活压力大,社交压力大,人际关系复杂,让许多男人根本没有时间也没有心情去哄那些小女生开心,他们更需要的是一个可以体贴自己、走入自己心灵的女人,这就需要女人们将家庭看作是生活的重心,从而去努力呵护它的每一处,尤其是自己另一半的心灵。

　　当男人工作了一天回到家里,一定希望听到你温柔的话语,一桌温馨的饭菜,妻子关心的问候,而不是小女生的抱怨,诸如,"你今天去哪了,怎么这么晚才回来?""我真倒霉,怎么嫁给你了,每天伺候你连出去逛街的时间都没有。"记住,千万不要说类似于这样的话,不要以为你的唠叨会让他内疚。你却不知道,此时的他根本什么都听不进去,久而久之他还会对你厌烦,觉得你根本不够关心他,也不懂得理解他的处境,那你很可能会把他推向别人的怀抱,到时候丈夫彻夜不归去知己那里找关爱,后悔也就为时已晚了。

　　所以,一个真正懂得爱情的女人,当她做妻子的时候,会在不同的时

第四章 兰心蕙质巧布置，厅堂厨房两相宜

候扮演着情人、母亲、姐姐、妹妹、女儿等多个角色。当丈夫需要妻子像母亲一样关心他时，她就扮演母亲；当丈夫需要妻子像姐姐一样和他说说心里话时，她就扮演姐姐；当丈夫需要妻子像一个小妹妹一样依赖他，以显示他男子汉的魅力时，她就扮演一个乖巧的小妹妹；当丈夫需要浪漫的时候，她就是一个风情万种的情人。

这种女人自然是聪明的，她们能够很好地照顾好家庭以及丈夫的情绪，使得家庭生活美美满满。其实很多男人都并不太在意女人们能够挣多少钱来养家糊口，甚至大男子主义的他们希望自己的妻子能够在心理上给予他最大的支持，而不是整天不着家的女强人或者是无所事事的怨妇。

因为这些男人往往受不了女人比自己强而自己看起来却像个"家庭妇男"的形象，更受不了整天唠叨不能给自己带来好心情的怨妇，相信倘若是这样的婚姻，一定的是"离多聚少"悲剧占据了婚姻的大部或者全部。

聪明的女性往往能够把握好这个度，既不会让自己失去工作，又不会让丈夫太难堪，更会将家庭放到人生的第一位，让整个家庭充满了醉人的温馨。

写给独自站在人生路口的女人

02 巧手布置家，巧心营造爱

温馨的家需要用心去打造,而用心打造出来的家才够温馨!

女人最重要的家务之一,就是为自己的丈夫和孩子营造一个舒适的居家环境,一个温馨、舒适的让人留恋的家。

合理的居室布置必须遵守三项原则:

第一,实用与美感相结合。

在居室的布置上,实用功能始终是主要的,家具的选择与配置,色彩的搭配,都要符合主人使用的要求,使人在居室空间生活感到舒适方便。在实用的基础上适当满足主人的审美情趣,居室布置要能体现出一种意境之美,显示出主人独特的品位,如果居室缺乏应有的艺术点缀,就会使人感到呆板生硬。

第二,环境与联想相统一。

居室布置是对室内环境的再创造,从这个角度来讲,布置就不仅仅只是一种简单的装饰了,它能够引起人们的心理联想,创造出更高的意境和气氛,如大海的画面,可以使人感到心胸开阔;松竹的装饰,使人联想到品格高雅;以浅色为主调的装饰,则使居室显得淡雅。通过居室布置,给人以生活情趣的联想,使无生命的东西变成有生命的感觉,就能使居室呈现出一种特有的气氛来,使人感到惬意。

第三,个性与潮流相统一。

女性在布置居室时,自然会体现出自己独特的个性、喜好和文化层次。如果只是简单的布置,与办公楼里的工作环境区别不大,就会使人增加单调感和庸俗感,不利于人调节精神、消除疲劳。所以,追求简约时应适当地考虑情趣性。在布置居室时还不应忽视时代的潮流,如适当地增添一些反映现代化气息的家具,增加居室的舒适感。下面就让我们看一下具体的布置方法吧!

首先是卧室。卧室是最能体现女人温情的地方。幽谧温馨的灯光,

第四章 兰心蕙质巧布置，厅堂厨房两相宜

柔滑宽松的睡衣，玫瑰色的床单，软绵绵的床垫，波浪式翻动的拖地窗帘，淡黄色木质装修的地板，通透玲珑的天顶设计，以及空气清新调节器，每一处都透着时尚的气息，却又能让人获得心灵的享受。

第二是客厅。为了迎接客人的到来，也为了让客人满意而归，在客厅里设个酒柜，是女人最聪明的选择。另外再放一些咖啡器皿，牙买加蓝山咖啡，玫瑰绣球大红袍，马爹利XO和一些糖果、罐装啤酒、红酒、葡萄酒等。一应俱全的准备，让女主人享有"鱼和熊掌兼得"的赞美之外，也会让客人依依不舍、流连忘返。

第三是书房。对现代家庭来说，书房几乎是必不可少的了，无论丈夫还是妻子都会用到它。写字台、书架、书柜及座椅或沙发是书房里的主要家具。对于书架的放置并没有一定的准则。非固定式的书架只要是拿书方便的位置都可以放置；入墙式或吊柜式书架，对于空间的利用较好，也

写给独自站在人生路口的女人

可以和音响装置、唱片架等组合运用；半身的书架，靠墙放置时，空出的上半部分墙壁可以配合壁画等饰品；落地式的大书架摆满书后的隔音性，并不亚于一般砖墙，摆放一些大型的工具书，看起来比较壮观。书桌一般都是选择有整面墙的空间放置，不过也有窗户小或空间特殊的书房，书桌可沿窗或背窗设立，也可与组合书架成垂直式布置。

书房要注意采光。书房主要用来看书，所以对于亮度要求高。书房布置时应注意采光问题，使光线能够照到写字台桌面上。光线应足够，并且尽量均匀。书桌的摆放一般宜选择靠窗的位置，这样白天可运用自然光写作，遇有太阳光直射也能以遮光帘或白纱帘调节光源，避免眼睛受到刺激。舒适而又合理布局的书房能够使人的心灵摆脱白天工作的烦躁，心绪归于平静。

最后别忘了布置一下厨房哦！

俗话说："民以食为天"，一般来说，厨房是女人最显能力的空间，曾有句名言说，"看厨房，才知道主人的生活品位"。如今时代发展迅猛，微波炉、咖啡壶、榨汁机等快捷实用的厨房用具是常备用具，也真正体现了女人的细微之处。在厨房和餐厅的布置中，要注意"小处着眼"。在餐厅和厨房中，有不少各式各样的小装饰物以及各种刀具、餐具等用品。如果利用好这些东西，房间的装饰效果就可"事半功倍"。

女人在布置家居环境时，其实是在经营一份爱，一份对家庭、对生活、对爱人的爱，因此聪明的女人绝对会不断更新家居布置，让家变得更美丽安适。

03　成就优雅的自己

每个女人都有两个版本，精装本和平装本，前者是在职场、社交场合给别人看的，浓妆艳抹，光彩照人；后者是在家里给最爱的人看的，换上家常服、睡衣、睡裤。婚姻中的丈夫往往只能看到妻子的平装本和别的女人的精装本，这是婚外恋的动机之一。

第四章　兰心蕙质巧布置，厅堂厨房两相宜

有一项调查表明，当被问及什么样的女人才是最富魅力的？"优雅"竟以绝对优势击败了"妩媚""性感""风情"！

魅力的形成是后天可以装饰出来的，而内容需要积累，那是一种神韵与情致的结合。女人的魅力就是女人智慧的体现。对自身的定位，对自己生存状态的洞察力和分析力，对人生的领悟。对于女人来说，优雅的气质远比长相重要得多。

有人曾把中国女人与巴黎女人做了个比较。

在中国，例如在公车站等车的女人们，外表形象一看就知道是疏于装扮自己，只是简单地洗了把脸，很少精心修饰。而走在巴黎的大街上，每一个法国女人都是那么风情和惊艳。那时，你会发现，她们的脸并不是最吸引你的，你甚至不会太多地注意她的脸，吸引你的是她们的身型，发型，服饰，还有优雅的步态，迷人的举止，还有飘然而过淡香的气味。

每一位女人都希望自己有优雅的风度，因为优雅的风度能给人留下美好的印象，优雅的风度折射出的光辉最富于理性，最富于感染性。一位具有优雅风度的女人，必然富于迷人的持久的魅力。现代女人不是不要镜子，而是能够从镜子里走出来，不为世俗偏见所束缚，不盲目描摹他人所谓的风度之美。

女人的风度神韵之美是充实的内心世界、质朴的心灵的真挚表现，产生无形的强烈感染力。风度美要求有潇洒的身形和质朴的心灵作载体。质朴，是一种自我认识、自我评价的客观态度，质朴的女人，总是善于恰如其分地选择表达自身风情韵致的外化形态，使人产生可信的感受，她们就是她们自己，她们不试图借助他人的影子来炫耀自己、美化自己。所以，她们的风度之美，往往是一种质朴之美。

真挚，是一种诚实、真实、踏实的生活态度。她们对人对事不虚伪，不狡诈，又肯于给人以诚信。真挚的女人，对自己的风度之美既不掩饰也不虚饰，对他人美的风度既不嫉妒也不贬斥，而是泰然处之，使人感受到一种真正的潇洒之美。

因此，你要保持和发展自己的风度之美，就得纯化你的语言和洁化你的举止，否则，也会使风度之美从你身边悄悄溜走。风度美是高层次的

写给独自站在人生路口的女人

美。它使人精神振奋,动人心魄;它令人敬慕,终生难忘,它唤醒美的意识,认识人的尊严,它是生活的灵秀,心神的凝聚。

优雅的风度是内在的素质形之于外表的动人举止。这里所说的举止是指工作和生活中的言谈、行为、姿态、作风和表情。

优雅的风度源自何处?它固然与姿态、言行有着直接的关系,但这些只是表面的东西,是风度的流而不是源。仅仅在风度的外在形式上下工夫,盲目效仿别人的谈吐、举止及表情的话,只能给人留下浅薄的印象。

实际上,优雅的风度来源于一定的知识和才干。良好的风度需要一个强有力的后盾支撑着它,这个强有力的后盾就是丰富的知识和才干,风趣的语言、宽和的为人、得体的装扮、洒脱的举止等,这些无不体现一个人内在的良好素质。然而,要真正能熟练运用语言,还有赖于智能的提高。当你的智力在敏捷性、灵活性、深刻性、独创性和批判性等方面得到了发展,你在知觉、表象、记忆、思维等各方面的能力就能得到提高,加之你拥有丰厚的涵养,那么,优雅的风度就自然而然地为你所拥有了。

要知道,优雅女人一定具有如下的共性:

(1)自信。自信的女人是最美丽、最优秀的。做什么不一定要说出来,因为别人看得见,大肆宣扬反而让人觉得你不谦虚。聪明的人一直都是在夸别人,同时借别人之口宣传自己。还没有成功的事情不要总给别人希望,凡事要放在心里,自信可以表现在脸上,但是话还是要埋在心里。

(2)微笑是最好的名片。微笑会让你留给人很深刻的第一印象,不要呆若木鸡,也不要笑得花枝乱颤。做不到笑不露齿,就轻轻上扬一下你的嘴角。

最重要的是你的眼睛,听别人说话或者跟别人说话时一定要正视着人家的眼睛,不要左顾右盼,因为女人的眼睛最能泄露她的内心。

(3)仪态大方。站一定要抬头挺胸收腹,不管在哪里,在哪种场合,只要是站就要保持这种形态,长此以往就会形成一种习惯。如果你还不习惯,那就回家练习一下,脚跟、臀部、两肩、后脑勺贴着墙,两手垂直下放,两腿并拢,作立正姿势站上个半小时,天天如此,不信你站不出那个效果来。

第四章 兰心蕙质巧布置，厅堂厨房两相宜

坐姿一定要雅。上身端正，臀部只坐椅子的三分之一，双腿并拢向左或向右侧放，也可以一条腿搭在另一条腿上，两腿自然下垂。但切忌不能两腿叉开，更不宜跷二郎腿，因为，这样做的话很不"淑女"。

走路的时候抬头挺胸收腹，别总是低头想要捡钱。目不斜视，走出自己的气势，不要急步流星，也不要生怕踩了路上的蚂蚁，不快不慢，稳稳当当。臀部细微的扭动更显你的妩媚腰姿，但不要上身全跟着动，两手自然垂直，轻轻前后摇摆，但不是走正步，自然即可。

（4）智慧的头脑。不要被别人称作花瓶，否则只能一次性批发给婚姻或者零售做大款的"小蜜"，那真是女人的堕落。

女人要充分利用自己的头脑，多看书，培养自己的优雅气质，即使你没有很高的文化水平，也要学习一门手艺，让自己在工作中得到乐趣，否则就只能做男人的附属品。生活中，能够被称之为优雅的女人应该是女人一生中的最高境界。那由内而外散发出的优雅气质足以迷住身边的每一个人,她的气质吸引的不仅是男人,也同样吸引女人。一个女人可以有华服装扮的魅力,可以有姿容美丽的魅力,也可以有仪态万方的魅力,但却不一定有优雅的风度。一位具有优雅风度的女人,必然富于迷人的持久的魅力。

04 打造第一眼的魅力

"见你第一眼的时候,就爱上你了",这虽然是情人间的甜言蜜语,但却也是第一面重要性的真实写照——好印象、坏感觉,全在这面子活儿上呢!

通过大量的分析,专家表明:要给别人留下好的第一印象,你只需要7秒钟。

这7秒钟对于女性来说尤为重要。如何在7秒钟内将自己成功地推销出去呢?音容、外貌、言谈举止一个都不能少。

每个女人都很在意自己给别人留下的第一印象如何,这与你的性格特质有很大的关系。然而并不是全部,成功的外包装和一些细节都能透露你的内心。该从哪方面充分显示你的优势呢,下面就教你几个要点。

第一印象的形成有一半以上内容与外表有关。

不仅是一张漂亮的脸蛋就够了,还包括体态、气质、神情和衣着的细微差异。

第一印象有大约40%的内容与声音有关,其中,更适宜语言的恰到好处而更能给人留下最佳的第一印象。

例如赞美对方:"您今天穿的这件衣服,比前天穿的那件衣服好看多了",或是"去年您拍的那张照片,看上去您多年轻呀!"都是用"词"不当的典型例子。前者有可能被理解为指责对方"前天穿的那件衣服"太差劲,不会穿衣服;后者则有可能被理解为是在向对方暗示:您老得真快!你现在看上去可一点儿也不年轻了。您说,讲这种废话是不是还不如免

第四章 兰心蕙质巧布置,厅堂厨房两相宜

开尊口呢?

记住:男士喜欢别人称道他幽默风趣,很有风度,女士渴望别人注意自己年轻、漂亮。老年人乐于别人欣赏自己知识丰富,身体保养好。孩子们喜欢别人表扬自己聪明,懂事。适当地道出他人内心之中渴望获得的赞赏,适得其所,善莫大焉。这种"理解",最受欢迎。

比如,当着一位先生、夫人的面,突然对后者来上一句:"您很有教养",会让人摸不清头脑;可要是明明知道这位先生的领带是其夫人"钦定"的,再夸上一句:"先生,您这条领带真棒!"那就会产生截然不同的"收益"。

当然,温文尔雅的礼仪,也是女性必不可少的门面功夫。握手同样能

写给独自站在人生路口的女人

传递重要信息。研究发现,那些握手时目光和你直接接触、手掌干燥、坚定有力、自然摆动而不是无力、潮湿、试探性的人,不仅能让你对他感觉良好,还将取得你的信任。

05　做社交佳人

展示你美丽的部分未必是你那漂亮的脸蛋,有时严谨的举止更能获得别人的赞扬。

女人是最亮丽的一道风景线,她们美丽、优雅、可亲,然而一些女人到了社交场合就变成了"霉女",她们的种种举动让人叹为观止继而敬而远之。这实在是一件令人惋惜的事,因此二十几岁的女人们都应该注意自己的风度与仪态,不要在社交场合上给人留下不好的印象。

让我们看看,哪些是各式社交场合上优雅女性不应有的举动:

1. 不要与同伴耳语

在众目睽睽下与同伴耳语是很不礼貌的事。耳语可被视为不信任在场人士所采取的防范措施,要是你在社交场合总是耳语,不但会招惹别人的注视,而且会令人对你的教养表示怀疑。

2. 不要放声大笑

另一种令人觉得你没有教养的行为就是失声大笑。即使你听到什么闻所未闻的趣事,在社交活动中,也得保持仪态,顶多报以一个灿烂笑容即止。

3. 不要口若悬河

在宴会中若有男士向你攀谈,你必须保持落落大方的态度,简单回答几句即可。切忌慌乱不迭地向人"报告"自己的身世,或向对方打探"祖宗十八代",要不然就要把人家吓跑,又或被视作长舌妇人了。

4. 不要跟人说长道短

饶舌的女人肯定不是有风度教养的社交人物。就算你穿得珠光宝气,一身雍容华贵,若在社交场合说长道短、揭人私隐,必定会惹人反感。

再者,这种场合的"听众"虽是陌生者居多,但所谓"坏事传千里",只怕你不礼貌不道德的形象从此传扬开去,别人自然对你"敬而远之"。此时装出笑容可掬的亲切态度,去周旋当时的环境、人物,并不是虚伪的表现。

5. 不要严肃木讷

在社交场合中滔滔不绝、谈个不休固然不好,但面对陌生人就俨如哑巴也不可取。其实,面对初次相识的陌生人,你也可以由交谈几句无关紧要的话开始,待引起对方及自己谈话的兴趣时,便可自然地谈笑风生。若老坐着三缄其口,一脸肃穆的表情,跟欢愉的宴会气氛便格格不入了。

6. 不要在众人面前化妆

在大庭广众下涂施脂粉、涂口红都是很不礼貌的事。要是你需要修补脸上的化妆,必须到洗手间或附近的化妆间去。

7. 不要忸怩羞怯

在社交场合中,假如发觉有人经常注视你——特别是男士,你也要表现得从容镇静。如果对方是从前跟你有过一面之缘的人,你可以自然地跟他打个招呼,但不可过分热情,又或过分冷淡,免得有失风度。若对方跟你素未谋面,你也不要太过忸怩忐忑,又或怒视对方,有技巧地离开他的视线范围是最明智的做法。

8. 保持笑脸

不单在旅游业提倡礼貌、微笑服务,各行各业的工作人员都应对客户、业务伙伴或生活伴侣礼貌周全,保持可掬的笑容。的确,不论是微笑,还是快乐的笑、傻笑、哈哈大笑……笑总是给别人舒适的感觉的。而"笑"也正好是女孩子获取别人喜欢的重要法宝。纵然你不是那类天生喜欢笑的女人,在社会上活动总不能过分吝惜笑容。尽管工作令你很疲劳,又或连续加班,忙得地暗天昏,见到别人也还是要展现可爱的笑容。

9. 教养与礼貌是你的"武器"

如何使陌生人也觉得你可爱?礼貌是不可或缺的要素。在这个生活紧张的社会里,日常看到女子失态的真实例子极多。如乘搭地铁、火车或巴士时,争先恐后地挤入车厢,还要跟别人争座位,更不堪的是,坐下后还要露出沾沾自喜的神色!又如在酒楼餐厅、公共电话亭,老是拿着电话听

写给独自站在人生路口的女人

筒不肯放下，任有多少人在排队等候，她也视若无睹！这是一种令人难以接受的失态，须知这类没有教养的行为，会叫别人在心里暗骂你的自私无理。

二十几岁的女人们是美丽优雅，气质上令人愉悦，令人乐于接近的，因此请注意你在各种社交场合的表现，别做出与自身不相称的行为，毁了自己的形象。

06　做饭的女人，别样的温婉

不做饭的女人尽管未必不会成为黄脸婆，然而她们却一定会成为怨妇！

现在社会都在讲男女平等，男人能干的事情女人也能干，女人干的事情男人也要干。女人也有工作也很辛苦，所以新新女性相当多的就放弃了做饭，觉得做饭又辛苦又累，有时还不讨好。有时我们换个角度看，做饭对女人是至关重要的，是女人常用的一件法宝。

第四章　兰心蕙质巧布置，厅堂厨房两相宜

1. 做饭是女人争取家庭地位最有力的保障

现在提倡男女平等，但真要做到平等却不像一句口号这么简单，女人在家做饭是在用实际行动告诉丈夫："你在外面奔波很苦，我在家里操持也累啊！"可以假想这样一个镜头：

一个在公司里因为被老板整整骂了两个小时而晚回家的丈夫刚走进家门，这时，如果妻子腰系围裙，手拿锅铲指着他的鼻子骂道："死鬼，你上哪儿去了，等你回家吃饭呢！"或许他会说："对不起，妻子，我……"而如果你穿着睡衣，拿着遥控板指着他的鼻子骂道："死鬼，你上哪儿去了，等你回家做饭呢！"那么，如果他为了维护自己的男人尊严，肯定会对你说："去死吧，你这臭婆娘！"这时他也顾不上能不能上床睡觉了。

2. 做饭是女人兑现爱情承诺最直接的表现

通常一对男女在山盟海誓时，男人都会对女人说："我会努力让你幸福！"而女人通常会对男人说："我会照顾你一辈子！"于是男人便开始忙碌起来，因为要让一个女人真正幸福起来可是需要很多钱的哟！但是女人该怎么办呢，最直接、最现实的，就是为男人做一顿可口的饭菜，如果一个女人连饭都不会做，又该如何准备照顾男人一辈子呢？这岂不是女人为爱情开了一张空头支票吗？所以，女人一定要学会做饭。

3. 做饭是女人作为母亲最神圣的职责

一个女人当上了母亲后，通常会有极大的改变，最大的改变莫过于有了为孩子甘于牺牲一切的精神。家人的健康通常会成为母亲的头等大事，所以，为了让孩子拥有健壮的体格，做妈妈的往往是亲历亲为，遍寻食谱、营养谱。但如果一个不会做饭的女人成了母亲，直到孩子长大成人，从来没有吃过妈妈做过的一顿饭，这是一种怎样才能形容的悲哀啊！

4. 做饭是女人拴住男人心最简单的办法

假如一个女人的白马王子被妖艳的蝴蝶紧紧包围时，女人可千万不要傻乎乎地跟在男人屁股后面追，当务之急是赶快把电视从言情剧场转到《天天饮食》。

5. 做饭是女人抵抗第三者最有力的武器

会做饭，而且能做出一桌可口饭菜的女人，通常都不是一个一般的女

写给独自站在人生路口的女人

人,她可能会非常性感,对男人的驾驭能力往往也很强;她可能是一个看起来弱不禁风的女子,但如果她不幸遭遇了第三者的激烈挑战,那么她的柔情与智慧,往往会同那桌可口的饭菜一起,为她的家庭筑起一道密不透风的防护墙,捍卫她的领地。

6. 做饭是女人美丽工程最为基础的工作

做饭是可以美容的,一个饭都不会做的女人,营养一定不好。如果是一个营养不好的女人,估计脸上即使抹上胭脂也得掉下来。这是外在美,内在美也一样,做饭体现了一个女人的内在素质和干练,甚至从另外一个角度说:"不会做饭的女人不是一个完整的女人!"现在的女人,尤其是一些年轻女孩,生怕进了厨房会被油烟熏成黄脸婆。这是一个完全错误的看法。要想成为男人心目中永远漂亮的女人,就应该做一个会做饭的女人。

那么,女人如何才能拥有一手好厨艺呢?

女人最好最早的老师就是她的母亲。下厨可以表现出女性的体贴、头脑、机智等,甚至可看出她成长的家庭。无论是哪个女人,在学习做菜之初都不会是进正规的烹饪学校学的,最初都是看母亲做菜,看着看着就学起来了。所以,会做菜的女人,非常注意与母亲的交流学习,经常回忆母亲的言传技巧。一家杂志上的烹饪栏曾经对一位姓黄的太太特别推崇。

黄太太并非以研究烹饪为业,她也是出生于纯粹的工薪阶层家庭。因此,杂志上所教授的烹调方法,非常实用,也非常富有创意,是任何人都可以现学现做的餐点。黄太太也承认自己是从孩提时期就看着母亲做菜一边记一边学的。尽管她的家庭也是工薪阶层,但是却有些独特,她的父亲有许多朋友和徒弟,她的家很早时就是一个聚会的场所,甚至有陌生人常常光顾,络绎不绝。而黄太太的母亲身为女主人,对大批的访客招呼得真是细致周到。当来客很多,母亲一人忙不过来时,女儿自是不能袖手旁观,帮忙削马铃薯皮、洗菜等,不知不觉在问的过程中也变成熟手了。

长大之后,来到大城市,见识多了,做菜的层面就更广了。嫁人后,比较空闲,看一些杂志食谱,根据丈夫的口味有意识地注意一些做法。如果

第四章 兰心蕙质巧布置，厅堂厨房两相宜

丈夫突然带客人回来,她也不会手足无措。在做菜前,她首先会打开冰箱,确定一下有什么东西,她绝不会因为没有多少菜料而发愁,而是想着只有这些菜,能不能做出什么好吃的东西来。如果菜量不足,她宁可不做整套的餐食。而只利用那有限的菜料尽量做一些好吃的菜肴出来。做菜是相当费事的,所以针对几个常来客人的嗜好她都做了备忘录。有不喜欢吃葱的客人时,在放葱之前,她就把一份从锅里盛出来。做备忘录的习惯,也是从母亲那儿学来的。实际上,她所介绍的菜肴,都没有一个像样的名字。但在巧思中也别有一番风味。

可见,拥有这种太太的丈夫可算是天下最幸福的人,能安心地将部属带到家里,在公司同事及朋友间也得到相当高的评价。当然这种太太也会经常得到丈夫的夸奖。

另外,所谓会做菜的妻子,固然是能做出美味可口的菜肴,但也要具

写给独自站在人生路口的女人

备做菜的巧思,也要灵活应对。

举例来说,突然来了个客人,不管三七二十一,只要赶快送出一样下酒的小菜即可,这对客人来说就很满意了。其实,很多男人也许都会有类似的经验,喝完了酒正要回家,又被邀请直接上友人家,那友人的妻子草草打了招呼就一头钻进厨房,经过二三十分钟都没出来,这气氛就弄得客人很不好意思。不管是现成的菜肴或罐头,只要是能和酒一起立刻端出来,那么气氛就比较缓和。

那种灵巧的妻子就会不需太费事就能拿出可口小菜,所以来客也不至于神经紧张。因此,做女人就应该像这位太太学习,不断地努力,经常给自己的男人换口味,一定能成为男人眼中的好妻子。

07　炖煮幸福的味道

男人都是馋嘴的,只有满足他的胃口他才不会去偷食。

都说男人心目中理想的女人是"上得厅堂下得厨房",这个要求受到很多现代女人的抵制,她们坚决拒绝沦落为"煮饭婆",反感呛人的油烟味,怨恨油腻的灶台……但是,聪明的现代女人更明白,厨房是家庭幸福必不可少的源泉之一,因为良好的膳食不但可以强身健体,而且也是表达爱意的最好方式。

要知道,男人和女人真正的幸福生活是从厨房开始的。据说在古代,所有刚嫁到夫家的女子在第二天早晨起床后,必定要取下身上那些环佩叮当,亲自到厨房里为夫君烧一碗汤,表示他们已经从爱情的绚丽转为生活的平静了,也就是诗中所说的:三日入厨下,洗手做羹汤。

同时,莎士比亚也说过,"要留住男人的心,先抓住男人的胃"。女人容易在茫茫人海之中将他俘虏到手,怎么能不好好地守住这片江山。饭菜的香味会让家的味道更温馨,在民以食为天的前提下,聪明女人应该有一点儿小手艺,宠爱自己也留住了他的心。

当然,男人有时候也愿意去外面吃各式各样的美食,外面的美食五花

第四章 兰心蕙质巧布置，厅堂厨房两相宜

八门，可是谁都不愿意天天在外边解决，既浪费又不是很卫生。因为不是吃到自己嘴里的东西，人家一定不会比你自己弄得用心。再说经常在外面大吃大喝，久而久之油腻多了一些，健康少了一些，自然就会很怀念家中的清粥小菜。

找个时间在某个早晨为自己心爱的人煮一次枸杞粥，煎一个漂亮的荷包蛋，烙张葱花饼，简简单单却又无限温存。也许对男人而言，这是意外的嘉奖，让他惊喜之余更加迷恋家人。

女人重视厨房，并不等于说从此她就得天天有义务围着厨房转，而是要注意在繁忙的工作之余，收拾一份好心情，为自己为家人营造一种温情。

其实，聪明的女人都很清楚，男人们并不是想要一个手艺精湛的女厨师，而是想要一个能给他带来家的感觉的烟火女人。

虽然现在的房子越来越大，房间的功能越来越细分，但最能体现出家的意味的永远都是厨房。特别是对于一个男人来说，当他在外面辛苦了一天，推开那扇熟悉的家门，一个冷锅冷灶和一个饭菜飘香的厨房，给他的感觉绝对是不一样的，只有厨房里飘出来的烟火气息才会给人带来实

107

写给独自站在人生路口的女人

实在在的家的感觉。

  一个喜欢厨房的女人,自然是一个喜欢家的女人,同时也能给人带来家的感觉,这和什么大男子主义、女权主义都没有关系,只是女人的本性使然。

  年轻的时候,每个人都可以四处流浪,但终有一天会厌倦漂泊,渴望能有一个温暖的家供自己憩息。聪明的女人并不仅仅是成为男人的工作助手,而是要成为他的贴心伴侣,给他一份安心,一份眷恋;如果他累了,可以回到家里来休整;如果他受伤了,可以回到女人身边来治疗;如果他成功了,马上会回家与家人分享,而一个连厨房都不想进去的女人,很少能给男人这种感觉。尽管她可以打扮得光鲜靓丽,尽管家里有钱到足以天天上饭馆,但这些都不是真正的家庭幸福。聪明的女人,下班回家换上家居服,系着围裙在厨房里忙活一通,然后端上三盘两碗,重要的不是味道,而是那种温馨的感觉。饭店再好,也无法营造出这种家的感觉。

  一个完整的家庭,不能没有女人,而每一个家都会有一个厨房,即便是最简单最简陋的家,也必定会有一个小小的灶台或是电饭煲。

  厨房是女人的另一个舞台,不管她爱或是不爱,那里都有着她无法摆脱的人生使命。真正懂得爱、懂得生活的女人,会在工作之后走进厨房,她的心里不会觉得有太多委屈,为心爱的家人做一道菜,除了油盐之外,里面放得最多的调料是爱。诱人的饭菜香味,浓浓的幸福滋味,会让女人制造出家的温馨!

  可以说,聪明的女人会让一天的幸福生活从厨房开始,聪明的女人,一年四季都会变幻不同的花样,科学合理的搭配,注重营养与口味的结合,在厨房里创造出来的不仅是美味的食物。还有无限的富足和幸福感……让心爱的人每天都生活在独一无二的幸福感觉中。

08　事业家庭两不误

  家是温柔港湾,事业是学习的课堂,所以家和事业对女人来说都不可

第四章 兰心蕙质巧布置，厅堂厨房两相宜

或缺。

许多女人都在为同一个问题而困惑："家庭和事业，选择哪一个？"有的女人会自信地说："两个我都要！"

古时常把女孩子称为"女儿家"，可见家对于女人来说是不能缺少的，而没有女人的照料，家就不像家。

但是，一个爱家的女人并不意味着就要当家庭主妇，而是能把家作为重心，同时也绝不放弃在事业上的追求。

男人喜欢"上得了厅堂，下得了厨房"的女人，如果有这样一个能干又漂亮的妻子，男人总爱往家里领朋友，创造炫耀的机会。别人的赞美给予他们心理上的满足，家庭的温暖又带来实实在在的幸福，可以说是既有面子又有里子。

提到女人的保养，很多人就会想到多喝水、多补充维生素、上美容院、幸福家庭的呵护……聪明的女人则会让工作也成为"保养秘方"，既保养自己的身心健康，又能保养幸福的家庭。

过去常说："嫁汉嫁汉，穿衣吃饭。"这话现在看来已经不合时宜了，在男女平等的浪潮里，现代女人接受和男人一样的教育，靠自己就可以实现经济独立，不需要靠男人养才能活。

而且现代社会里生活压力加大，一个家庭光靠男人支撑还不太现实，女人出去工作可以分担一部分经济上的压力。即便男人可以负担起家庭，聪明女人也不会放弃自己的事业。女人要想人格独立，首先就要在经济上独立，不需要依附任何人都能够生存。现代婚姻不可靠、承诺不可靠，没有人是永远的依靠，女人有一个属于自己的事业，可以保证在失去依靠后还能够独立地生活下去。

女人可以不需要赚很多钱，但是一定不能失去赚钱的能力，不能选择寄生虫的生活。《圣经》里认为，生命都是神圣不可侵犯的，但我们活着，就要侵犯其他生命。牛羊鸡鸭都是我们的美味，因为我们与它们之间达成了一项协议，那就是我们饲养它们，给它们提供它们生命所需要的一切，然后换取它们一点点肉。所以，聪明的女人不会让别人"饲养"，她不会让自己落到等着被吃的境地里。

写给独自站在人生路口的女人

工作会让女人心情愉快。女人对工作的态度与男人不同,她们更看重环境和关系,她的生活中固然需要家人、丈夫或是朋友,但是工作上的同事也是必不可少的。在家庭之外,有人与自己一起为了达到某个目标而喜悦或是焦虑,这种团队气氛是在家庭中体会不到的。

女人大多是"群居动物",她们害怕孤单,喜欢有人倾听、理解自己,也喜欢付出关怀和母爱,良好的工作环境正好能够满足女人对于"小群体"的情感需求。

工作还让女人生活充实。聪明女人把工作当作一种生活寄托,反而那些回归家庭的"全职太太"们,常因无所事事而感到空虚寂寞,闲在家里时间长了,就会让自己和社会脱节,最后也会变得毫无魅力。很多女人工作的时候整天忙忙碌碌,经常要出席重要场合,比较注意自己的形象,结婚后天天在家待着,整天睡衣睡裤,丈夫回来看到的就是一成不变的人。而且在家里不思考不学习不体验新鲜事物,和朋友联络都少了,完全把自己封闭着,最后会失去与人交流的能力,影响家庭生活。

而一份称心如意的工作,却能够平衡事业与家庭的关系,因为称心的工作本身就能够协调女人的情绪,保持女人的身心健康,从而促进家庭的和谐幸福。

女人有一份工作可忙,既可填补生活的空白,又能在工作中不断充实自己,提高自己。工作让女人感受到自己的价值,而且能跟上时代的潮流,更具有知性魅力,因为外面的环境与事物会让聪明的女人更聪明!

人活着就需要劳动,有一份事业让女人操心能够让生活更充实一些。天生我才必有用,女人的价值并不全部在家庭中,细心寻找,总能找到展现自己的舞台。走出一味的柴米油盐酱醋茶,让新鲜事物充实生活,因为游走在职场当中才能体会到工作的艰辛和压力,才能更理解事业中男人的烦恼,也许还能为他排忧解难,成为他的支柱,他才会更加爱你,离不开你!

一个聪明的女人,认认真真地对待工作,在工作中体现自身价值,但她也不会放弃另一项更重要的"事业"——家庭。和所从事的工作相比,家庭是更重要的战场,是女人一生最重要的长期投资项目。

可以说，工作是事业，家庭也是事业，而且对女人来说，家庭是一生中最重要的事业。只不过，同样作为一种事业，工作和家庭的难易程度是不一样的：工作是一种生活技能，通过培训和教育，每个人都能够掌握技巧，顺利完成工作要求，聪明的人甚至可以完成得很出色。而家庭需要一种生活智慧，需要用心血栽培，很多人都身处其中，但是真正做得好的人却很少。

在工作中，需要智慧谋略，靠的是犀利的眼光和敏锐的判断，理智是成功的保证；在家庭中，也需要智慧谋略，靠的是爱心、耐心、温情、责任，情感是必胜的法宝；在工作中，做出一点儿成就很快就能看到成果，短期投资率高；而在家庭中，也许付出很多短期内却见不到任何收获，必须要等上很长一段时间，长期回报率绝对超值。

一个人可以不需要工作，但是不能没有家庭；同样，一个真正成功的人，不仅拥有工作上的成就，还必须拥有幸福的家庭生活。工作总会有退休的那一天，家庭却是一个人从出生到死亡都要生活在其中的环境。

工作做得好不好，关系着个人价值体现的大小、为社会贡献财富的多少、物质生活状况的高低，而家庭生活是否幸福，则关系到两个人的生活质量、孩子的未来，更贴近每个人的现实生活状态。

一个能把复杂的家庭生活经营得顺顺当当的人，在工作中也必定能够得心应手。如何获得幸福的生活，聪明的女人既不会放弃属于自己的小事业，也不会忽视家庭这个一生的大事业。

09 编织幸福小情结

在丈夫面前，你永远只是妻子，而不是经理或者董事！

"大女人"是精明能干的女强人，驰骋商场，呼风唤雨，在工作上出类拔萃，即使感情受到挫折，也以最自信的姿态展现在众人的面前；"小女人"能力有限，每天正点上下班，接孩子，给家人做饭，休息时间操持家务。

可能由于女权运动，也许是由于受资本主义自由发展的影响。现在

写给独自站在人生路口的女人

出现了越来越多的"大女人"——她们和男人一样在事业上打拼,独立、精明、大气而且能干,无论手段还是气势丝毫不输给男人。不仅位居高职,拿着不菲的薪水,而且颇受领导赏识。我们称这些女人为女强人。她们完全打破了传统的男主外女主内的传统观念,仿佛要和男人争那另半边天,尽管在事业上许多男人不得不佩服她们的机智和作风,但是很少有男人愿意找一个这样的女人做伴侣,他们无法忍受一个比自己还强的女人,那会让他们感觉不到自己被需要。

但是综合现在的社会情况,居家的女人毕竟还是少了,但是一个女人你在单位可以是横眉冷目的主管,但是在家里你是妻子,是母亲,没有必要用"将军命令士兵"般的口气和你的丈夫说话吧。现代的女人可以有自己的事业,有自己的社交圈子,有自己的天空,但是要让自己的地位转换得到平衡,是对男人的尊重,也是你作为妻子应该尽到的责任。

维多利亚女王在一次和她的丈夫发生矛盾之后,丈夫生气闭门不出。

女王来敲门,丈夫问:"你是谁?"女王理直气壮地回答:"英国女王。"屋里没有声音。

女王又敲门,声音平和了一些:"我是维多利亚。"里面仍是悄然无声。

最后女王柔情地说:"亲爱的,开门,我是你的妻子。"

当你下班在家里的时候,何必还要摆出高姿态让自己那么累呢?依偎在你丈夫的身边,做个小女人又有谁会笑话你呢?也让你的丈夫感受一下可以被依靠,可以保护你的大男人的心理,不是很好吗?

其实做个小女人是很幸福的事情,你可以有很多幻想,可以活得轻松浪漫,可以给自己的偷懒找出 N 个理由,可以聪明地装糊涂,也可以体贴入微地照顾别人,感受一下关爱别人的快乐,也可以撒娇地让别人来照顾你。这个时候你是妻子,是你爱人的宝贝,不是严厉的经理,也不再面对你的下属。

小女人对待朋友真诚而傻气,和从前的同事、朋友从不断了联系。没事就来个聚会和大家倾诉自己的心事,讨论未来和怀念以前的种种。小女人的真诚经常让朋友感动。

第四章　兰心蕙质巧布置，厅堂厨房两相宜

小女人会对被开除的同事说："如果不被开除，你还是个默默无闻的职员，还在耽误前程呢！如今做了部门经理，你的才能发挥得淋漓尽致，有空请主任吃顿饭吧？他不开除你，你哪有今天。你可要记住报恩啊。"朋友听得心花怒放，非常豪爽地说："只有你将我当成好朋友，你什么时候有空？我请你吃饭。"小女人大方地回答："你什么时候心情好就什么时候请我吧?"小女人的一番说话暖透了朋友的心。

小女人处世的哲学并没什么值得借鉴之处，她只是站在别人的角度为别人着想，多考虑别人的难处，即使有时吃亏也不介意。在她的眼中，名利地位并不比朋友和爱人来的重要。

其实许多"大女人"也并不是真的就想做个"大女人"，每个女人骨子里都有"小女人"的情怀，只是她们的生活环境和方式以及现在的地位不允许她有丝毫的松懈，只能上紧发条不停地做。

写给独自站在人生路口的女人

做个"大女人"事实上是痛苦的,不要看她们看似风光的外表,这个社会终究还是男人的社会,女人的社会地位再高,也没办法赢得整片天空。而且女人天生心思细腻、敏感,即使作风强悍仍然不能改变柔弱的承受能力。女人天生是需要被保护的动物,无论从心理还是生理上来说,她们都不适合过于繁重的劳动。

要知道,这个世界是由男人和女人组成的,上帝已经分配好了他们各司其职。那些体力劳动和辛苦的工作就交给男人去做吧!女人看守好你自己的这片后方净土,同时做一些你喜欢做的事情,如果因为生活的原因你不得不和男人一样辛苦,请自我调节,让自己不要那么强悍,也许你成功的机会更大,如果你已经成功了,维护好你的爱情和家庭,别让自己太累,别让你的丈夫感觉到家里缺少了应有的"女人味"或者"母爱",不要把家当成你的办公室,那样你一定会事业、爱情双丰收的!

10　珍爱自己,善待他人

自爱才能他爱,不自爱无人爱!

在一个女人的一生当中,最基本的心理素质应该包括三个方面——"自信、自爱、自尊"。其中,自信是"我信赖我有能力拿到自己所需要的价值"。一个人拥有能力才会有足够的自信;自信的基础是能力,能力催生个人的自信;而自爱则是一个懂得爱护自己的人,自爱的人才会培养出足够的自尊,尊重自己存在的价值。

这三个方面能够让一个女人在成长的过程中足够得到自己想要的尊重与理解,以及达到完美的人生追求。

所谓"自尊自爱"就是根据你的意愿将自己作为一个有价值的人而予以接受。接受则意味着毫无抱怨。思想健全的人从来不抱怨,而缺乏自我领先的人常常在抱怨、牢骚中求以生存。

向别人倾诉说你不喜欢的地方,只能使你继续对自己不满意。因为别人是对此无能为力的。至多只能加以否认,可你又不会相信他们的话。

第四章　兰心蕙质巧布置，厅堂厨房两相宜

要结束这一无益和讨厌的行为，只需问自己一个简单的问题："我为什么要讲这些？""他能帮我解决这个问题吗？"假如这样做的后果是：既没有解救自己，又影响了别人的情绪，那么抱怨显然是荒唐可笑的，与其浪费时间抱怨，还不如把本来用于抱怨的时间用来进行"自爱"活动中，比如默声自我赞扬，比如帮助别人实现愿望等等。

抱怨和倾诉是不同的。当别人可以通过某种方式帮助你时，你向他们倾诉自己的不快，可以获得解决问题的途径。但抱怨是对别人施行的一种人格压迫，你明知道这样做的后果，却依然要用牢骚折磨人的神经。这样的后果只能使别人对你越来越讨厌。

抱怨自己是一种无益的行为，这样做会妨碍你真正地生活，促使你产生自我怜悯的情绪，阻碍你努力给他人以爱并接受他人的爱。抱怨还使你难以改进你与他人的感情关系，不利于你扩大社会交往。尽管抱怨行为有时会引起别人的注意，但它的影响往往都是负面的，只会明显地给你的幸福罩上一层阴影。

如果你想不加抱怨地接受自己，就必须懂得"自爱"和"抱怨"是绝对排斥的。你想成为一个自尊自爱的人，那你就不要毫无理由地向那些无

写给独自站在人生路口的女人

力帮助你的人发出"抱怨"。

世界上最难了解的不是别人,恰恰就是我们自己。我们内心有保护自己的倾向,总是为我们的所作所为找出理由,要让不合理的也看作合理。很多人根本就不想认识自己,他们喜欢谈论别人和别人的问题,却躲避自己,不愿意面对自己。而事实上,一个人成长过程中最重要的一个阶段,就要不再试着躲避自己,而要认识真正的自我。

除了广义的自爱以外,狭义的自爱就是尊重自己的感情。千万不能做一个对感情不负责任的"性"情中人,更不能为了金钱而出卖自己的肉体,这样不但不自爱而甚至是自卑的,不但得不到人们的同情,反而会是无尽的奚落与鄙视!

当然,爱他人也是自爱的一种,只有关心和爱护他人,你才能得到别人的关心与爱戴。那么怎样才能将这样博大的爱表现出来呢,不妨试试下面的一些方法:

(1)不要对别人有偏见。当发现自己的想法跟别人不一样时,一定要换一下位置思考。

(2)增强自信心,增加良好的自我感觉。只要自己真诚、热情,就会增加自己的吸引力。所以对自己要有信心。同时要多参加各种群体活动,在群体中学习人际交往的知识。

(3)加强沟通。尊重性的询问会有利于问题的解决。

(4)心胸要宽广。遇事应该乐观一些,大度一些,不要对人和事情都过于敏感。朋友之间最重要的是宽容,不能斤斤计较,处处表现出比较在意别人的态度,如果时间过长,会让人产生与你交往不舒服的感受。有些时候不要太要面子,有些时候放低些自尊,反倒会赢来别人的尊重和友谊。

11 做一个有主见的女人

逃避选择或不愿承担责任,是大多数人的共通性;如果我们不主动把

第四章 兰心蕙质巧布置，厅堂厨房两相宜

握选择的权利，那么幸福绝不会主动来敲门。

现代女人的独立性决定了女人不能没有主见，没有主见就无法独立。我们要独立自主，而自主主要指的就是自我主见的能力。

有些女人遇事无主见、犹豫不决。比如每买一件东西，简直要跑遍城中所有出售那种货物的店铺，要从这个柜台跑到那个柜台，从这个店铺跑到那个店铺，要把买的东西放在柜台上，反复审视、比较，但仍然不知道到底要买哪一件。她自己不能决定究竟哪一件货物才能中意。如果要买一顶帽子，就要把店铺中所有的帽子都试戴一遍，并且要把售货小姐问烦为止，结果还是像下山的猴子，两手空空。

世间最可怜的，就是像这些挑选货物的女人这样遇事举棋不定、犹豫不决，遇事彷徨、不知所措、没有主见、不能抉择、唯人言是的人。这种主意不定、自信不坚的人，很难具备独立性。有些女人甚至不敢决定任何事情，她们不能决定结果究竟是好是坏、是吉是凶。她们害怕，今天这样决定，或许明天就会发现因为这个决定的错误而后悔莫及。对于自己完全没有自信，尤其在比较重要的事件面前，她们更加不敢决断。有些人本领很强，人格很好，但是因为有些毛病，她们终究没有独立，只能作为别人的附属。

敢于决断的人，即使有错误也不害怕。她们在事业上的行进总要比那些不敢冒险的人敏捷得多。站在河的此岸犹豫不决的人，永远不会到达彼岸。

如果自己有优柔寡断的倾向，应该立刻奋起改掉这种习惯，因为它足以破坏自己许多机会。每一件事应当在今天决定的，不要留待明天，应该常常练习着去下果断而坚毅的决定，事情无论大小，都不应该犹豫。

个性不坚定，对于一个人的品格是致命的打击。这种人不会是有毅力的人。这种弱点，可以破坏一个人的自信，可以破坏判断能力。做每一件事，都应该成竹在胸，这样就会做事果断，别人的批评意见及种种外界的侵袭就不会轻易改变自己的决定。

敏捷、坚毅、果断代表了处理事情的能力，如果自己一生没有这种能力，那一生将如一叶海中漂浮的孤舟，生命之舟将永远漂泊，永远不能靠

写给独自站在人生路口的女人

岸,并且时时刻刻都在暴风猛浪的袭击中。

有主见,就是有自信。有自信,肯定有主见。只有这样,才能使自己不断独立自主,才能使自己不断自力更生。

现代女人要有主见,才不会迷失自己,如果任何事情都要男人做选择,没有自己的观点,只会让他离你更远。女人要有头脑,有思想,有自己的人生规划,不要把你的权利交付给别人。

12　大度更能从容,豁达更添风情

不斤斤计较的女人,总是能够让人眼前一亮!

一个现代女人,应该懂得如何表现自己,她们的成熟、优秀、文雅、娴静,各种气质与品位都可以在举手投足间得到最好的体现。现代女人,可以没有惊艳的容貌,但不能没有清新淡雅的妆容;可以没有模特的形体,但不能没有匀称的身材;甚至可以没有优越家境的熏陶,但绝对不能没有与世无争、不争名逐利、闲适恬淡的处世态度,不能没有忍耐、理解和宽容的良好品质。

现代女人不管何时何地,懂得以宽容的心去包容。善解人意、宽容大度、胸襟开阔是好女人所具备的品质,更是现代女人所不可或缺的品位。

"别为打翻的牛奶哭泣"是英国一句谚语,与中文的"覆水难收"有几分神似。事情既已不可挽回,那就别再为它伤脑筋好了。错误在人生中随处可遇,有些错误可以改正、可以挽救,而有些失误就不可挽回了。面对人生中改变不了的事实,聪明的女人自会淡然处之。

很多时候,痛苦常常就是为"打翻了的牛奶"哭泣,常留心结,挥之不去。本来从容、豁达,行之不难,不是什么大智慧,现在却成了社会的稀有之物,成了大智慧,真让人三思。

牛奶已经打翻了,哭又有何用呢?大不了重新开始嘛!有那么难吗?女人需要爱更需要快乐。

人生之中,不如意的已经太多,何不让美好的、真诚的、善意的留在心底,常怀感恩之心看待身边的人和事,笑着面对生活呢?

现代女人做事不斤斤计较,总是有能力把复杂的事简单化,简单的事单一化,用一颗平常的心热爱生活,无欲无求,宠辱不惊,这何尝不是一种快乐,不是一种满足,又何尝不是一种超然?

或许你会说"站着说话不腰疼",但是,在人生中,有那么多的无能为力的事——倒向你的墙、离你而去的人、流逝的时间、没有选择的出身、莫名其妙的孤独、无可奈何的遗忘、永远的过去、别人的嘲笑、不可避免的死亡、不可救药的喜欢……与其悲啼烦恼,何不一笑而过?

记住该记住的,忘记该忘记的。改变能改变的,接受不能改变的。能冲刷一切的除了眼泪,就是时间,以时间来推移感情,时间越长,冲突越淡,仿佛不断稀释的茶。

如果敌人让你生气,那说明你还没有胜他的把握;如果朋友让你生

写给独自站在人生路口的女人

气,那说明你仍然在意他的友情。令狐冲说:"有些事情本身我们无法控制,只好控制自己。"我不知道我现在做的哪些是对的,哪些是错的,而当我终于老死的时候我才知道这些。所以我现在所能做的就是尽力做好待着老死。也许有些人很可恶,有些人很卑鄙。而当我设身处地为他着想的时候,我才知道:他比我还可怜。所以请原谅所有你见过的人——好人或者坏人。

快乐要有悲伤作陪,雨过应该就有天晴。如果雨后还是雨,如果忧伤之后还是忧伤,请让我们从容面对这离别之后的离别。微笑地去寻找一个不可能出现的你!

死亡教会人一切,如同考试之后公布的结果——虽然恍然大悟,但为时晚矣。

你出生的时候,你哭着,周围的人笑着;你逝去的时候,你笑着,而周围的人在哭!一切都是轮回!

人生短短几十年,不要给自己留下什么遗憾,想笑就笑,想哭就哭,该爱的时候就去爱,没必要压抑自己。

当幻想和现实面对时,总是很痛苦的。要么你被痛苦击倒,要么你把痛苦踩在脚下。

生命中,不断有人离开或进入。于是,看见的,看不见的;记住的,遗忘了。生命中,不断地有得到和失落。于是,看不见的,看见了;遗忘的,记住了。然而,看不见的,是不是就等于不存在?记住的,是不是永远不会消失?

说来奇怪,女人的心胸具有极大的伸缩性,这大概也算是世界之最了吧。女人的心可以宽阔似大海,也可以狭小如针鼻儿。生活中,相当一部分女人心胸比较狭小。但是,具有深刻的社会历史原因:一是长久以来的社会分工。母系氏族社会崩溃后,由于生理方面的原因,女人的活动范围被限定在了较小的空间内。二是漫长的封建社会对妇女的歧视。几千年的封建社会给女人制定了许许多多苛刻的行为规范,女人必须足不出户,女人必须笑不露齿,女人必须循规蹈矩,女人不能够上学受教育,女人必须在家从父、出嫁从夫、夫死从子。说不清从什么朝代开始,女人还必须包裹成小脚。女人的思维和行动范围被严格规范在了庭院以内。女人视野的狭窄决定了其目光的短浅和心胸的狭小。

心胸狭小是很多女人的致命弱点。从小处来说，心胸狭小不利于建立和谐温情的家庭关系，不利于形成良好融洽的人际关系；不利于身体和心理的健康。从大处来说，心胸狭小不利于女人家庭地位、社会地位的提高，不利于女人的彻底解放，不利于女人在事业方面的进步和发展。

现代女人知道如何去做一个心胸开阔的女人。她们会站得更高一些，扩大自己的视野。当我们近距离盯住一块石头看的时候，它很大；当我们站在远处看这块石头时，它很小。当我们立在高山之巅再来看这块石头，已经找不到它的踪迹了。有了更宽广的视野，就会忽略生活当中的很多细节和小事。

现代女人会努力学习，做生活和事业的强者。嫉妒总是和弱者形影相随的，羸弱而不如人，便会生出嫉妒他人之心，女人应当自尊自强，用自己的努力和能力去证实和展示自己。女人为什么不能像男人那样也成为一棵大树呢。

现代女人学习正确的思维方式，学会宽容别人。和丈夫发生不愉快时，多想想丈夫对自己的恩爱；和朋友发生不愉快时，多想想朋友平素对自己的帮助；和同事相处不愉快时，多想想自己有什么不对。看别人不顺眼时，多想想别人的长处。

现代女人会设身处地的替别人考虑，遇事情多为别人着想，多去关心和帮助他人。现代女人会加强个人修养，主动向身边优秀的人学习，善于取他人之长补自己之短，培养独立和健全的人格。另外，多参加健康有益的社会活动和文娱活动。

心胸开阔、性格开朗、潇洒大方、温文尔雅的女人，会给人以阳光灿然之美；雍容大度、通情达理、内心安然、淡泊名利的女人，会给人以成熟大气之美；明理豁达、宽宏大量、先人后己、乐于助人的女人，会给人以祥和善良之美。聪明的女人，知道如何去做一个心胸开阔的女人。

人一生要遇到很多不顺的事，女人同样如此。如果你遇事斤斤计较不能坦然面对，或抱怨或生气，最终受伤害的只有你自己。林黛玉最后

写给独自站在人生路口的女人

"多愁多病"含恨离开人世,薛宝钗得到了想要的男人。要知道,容易满足的女人,才会更加幸福。

13　宽人律己

你想被别人爱,你首先必须使自己值得爱,不是一天,一个星期,而是永远。

二十大几的女人们大多已为人妻,然而你真的知道怎样做一个好妻子吗?旧时代要求女人遵守三从四德,现在你当然不用去理这些陈腐的东西,不过有一些基本的戒律你还是要遵从的,否则你的婚姻就会出问题。

1. 搬是弄非

人家说长舌是妇人的专利品,但你可不要领教这份专利。在男士面前说别人长短、揭发人家隐私,都会破坏男士对你的印象,觉得你是小家子气的无聊人。

2. 缺乏爱心

女性天生喜欢男人迁就、爱宠,不开心的时候要求丈夫千依百顺,你可就要"悠着"点儿了,因为男人有些时候更需要爱护。有些女人在丈夫忧愁郁闷时,还坚持要丈夫跟她看戏逛街,或做她自己喜欢做的事情,如果丈夫表示心情不佳,不想赴约,她就立刻冷嘲热讽,说男人大丈夫不当如此软弱、闹情绪,十足妇孺一般等伤他自尊的话。这种只可以共欢乐,不可以同分忧的女人,有哪个男人愿意与之相伴终生!

3. 控制欲过强

今天许多做妻子的,不但没有发挥对丈夫体贴入微的天性,而且刁蛮成性,喜欢在丈夫头上满足高涨的权力欲。不但家中的事务要由自己做主,就连丈夫平时穿什么衣服、梳什么发型,也要向她这位"权威"请示。要是对方有什么不合自己的脾胃,就会雷霆大发。最初,丈夫还会千依百顺,但时间长了,性格再好的男士恐怕也要说声"请另聘高明"了!到底,世上没有多少个男人喜欢这种领导型的妻子。

4. 不体贴

对丈夫的起居完全没有心思去照顾。丈夫下班后,只听到妻子唠叨不休地诉说自己的烦恼。这种妻子可说毫无建设性,既不了解丈夫的需要,也难以做到"持家有方"。

5. 自顾玩乐

这种妻子讨厌家务,一有空便溜之大吉,你可以在社区中心、慈善机构、银行的外币存款部或麻将桌上发现她们的影子,却很难看到她们安于家室。本来多参与外界活动,能开阔胸襟,有益身心,但若为此而疏忽家庭,则是本末倒置了。

6. 虚荣

虚荣的妻子,一旦把握家庭经济大权,便会花很多钱去打扮自己,买漂亮的衣服,频频置换家具。要应付这种妻子,丈夫必须努力工作,甚至以不法手段去赚取更多的金钱以供"家用"。

7. 过分整洁

女人的天性较男人爱整洁,有些妻子把家打理得一尘不染,井井有条。对子女的起居饮食也一丝不苟,有规有矩。报纸不能乱放,甚至任何摆设也不能乱动。于是全家人都在她指挥下生活,不能稍越雷池。这种生活往往会使家人紧张得透不过气来;这样的家庭也只宜展览,不宜居住;其实过分的整洁是不必要的,生活的艺术是活得多姿多彩,而不是反受环境支配。

8. 缺乏自信

这类妻子疑心极重,常常怀疑丈夫对自己的爱是否掺了水分,对丈夫的一切都要探知,而且占有欲极强,希望把丈夫和其他人(尤其女人)隔离。她们对自己完全没有信心,因此恐惧失去丈夫的爱。其实既然当初他肯娶你,你必定是有吸引人之处,不必整天担心丈夫变心,弄得自己神经兮兮的。要保持大方、磊落,对丈夫要信任,这才是婚姻之道。

9. 过分含蓄

这类妻子永远不把真情流露,当丈夫热切地问:"你爱我吗?"她说:

写给独自站在人生路口的女人

"爱,不过请先让我睡觉!"说完,就呼呼大睡了。请用行动表示你对丈夫的爱,例如记住他的生日、致送礼物、分担他的烦恼等。最重要的是向他明确表示你的爱意,因为人人都喜欢听"我爱你"这三个字。

10. 红杏出墙

夫妻间的爱,绝对容不下第三者,若你因为感情过分脆弱,受不住诱惑而有红杏出墙的行为,请仔细想一想,是否你和丈夫的情感出了问题,到底你爱的是谁?假若丈夫仍是你的最爱,你便应该下定决心与第三者分手,切莫拖泥带水,令事情更趋复杂。

11. 不做"男人婆"

很少有女人会喜欢"娘娘腔"的男人,同样也很少有男人会爱上像"男人婆"的女人,因此,具有女性化特质的东西会更容易打动男性。在婚姻生活中,注意从外在的柔美、娇俏及内在的温柔婉转等方面来凸显女人味,会更容易令丈夫动情。

12. 保留羞涩的魅力

恋爱中少女的娇羞娇涩,往往最容易拨动少男心中的那根弦。但等到结婚及至生子之后,夫妻双方已熟悉得不能再熟悉,而许多女人会认为在丈夫面前还有什么可遮挡的,于是往往在他面前毫无掩饰、赤裸相见,失去了自己在丈夫眼中的神秘感。其实,给爱留出一些回旋的余地,不要把羞涩的面纱破坏殆尽,借助羞涩的魅力来激发丈夫的爱恋之情,可以更多地丰富夫妻生活的情趣,使夫妻之情常爱常新。

13. 不要借丈夫炫耀自己

已婚女人在一起,话题总是离不开丈夫和孩子,这本无可厚非,但有些女人却会因为丈夫商场得意或宦海高升而变得趾高气扬,盛气凌人,总不忘在人前显摆显摆,这实在是一种浅薄之举。

14. 不要"大女人主义"

女性地位日益提高,虽仍是弱势群体,但也已经有模有样地撑起了"半边天",这自然是令女人扬眉吐气的事。但有些过于"女权"的女人有时会把大女子主义发挥得过了头,在家里也要一手遮天,要丈夫对自己言听计从。其实这大可不必,"训练"出一个唯唯诺诺的男人真的有必要吗?男人都是爱面子的,因此,作为妻子,不防把一家之主的虚衔让给丈夫,一来表示对他的尊重,二来大女人主义也不是这样表示的。你应该对他进行"柔性攻势",以柔克刚,才是女人本色。这样他对你的话听得心悦诚服,你对他的爱也表现得淋漓尽致。

一对夫妻要共同生活数十年,作为妻子,你一定要调整自己的心态、行为,不要做伤害丈夫的事,不要犯不可原谅的错误,做一个新世纪的好妻子。

14 做好贤妻与良母

一生中女人所扮演的角色很多,不过只要能够扮演好贤妻与良母这两个角色,她就是成功的!

二十大几的女人最重要的角色是什么呢?答案是贤妻良母。不管你愿不愿意承认,但这就是事实。你就是家庭的轴心,称职地扮演好了你的角色,家庭生活就会越来越幸福。

在精神上,一个女人由于生下了孩子,每天都要抚育自己的孩子,所以应该能体会到做一个母亲的幸福。

写给独自站在人生路口的女人

之所以用"应该"这个词来表示推测及不确定性,因为在这个时期的妻子担负着人妻与人母的双重角色,如果任何一个角色不称职则会出现家庭矛盾。

从一个女孩到一个妻子,再从一个妻子到一个母亲的角色变化过程就只发生在这么短短的几年之间。姑娘就好像是花蕾,妻子就像是在开花,而作为母亲就好像是在结果实,这一个过程十分迅速,甚至迅速得让人很难适应。

而且,从女孩到妻子再到母亲这一过程就好像一段旅途,其间有时会让人感到疲乏。女人天生就具有女孩的性格,在自己生育孩子时又自然有了身为母亲应有的母性。但是,妻子这一角色则是以恋爱、结婚为基础而在后天形成的,所以妻子这一角色与女孩、母亲的角色不一样,它不是天生就有的,它是在后天条件成熟时才会成为这一角色的。

现在的家庭大多以妻子作为一个家庭的中心,丈夫对家庭一般都不会特别关心。对于男子来说,家无非只是一个休息、睡觉的地方,孩子完全由母亲一个人负责教育。也许你觉得这种说法有点夸张,但事实就是如此。

二十大几的妻子的主要任务便是抚育孩子,恐怕这一时期也是妻子一生中最繁忙的时期,有时甚至根本连自己也顾不上。现在男人的平均结婚年龄是27岁,女人为25岁,平均在一年半后生育第一个孩子。

孩子3岁左右正是育儿时期。在这段育儿期,应该要完成一大半对孩子的教育。在教养孩子时,丈夫的帮助是十分重要的。

现在的都市家庭,大都由夫妻二人和孩子组成,所以,在这些由年轻夫妇组成的家庭中,至少买过两本以上关于育儿的书籍。他们可以通过书本知识来教育孩子。但是,书本上的东西都是典型的例子,具有一般性,却不具有特殊性,有的知识并不一定完全适合自己的孩子。但那些没有经验的母亲仍然只能套用书上的教条。

有一个年轻的女人在没有母亲协助的情况下照料孩子,毫无经验的她按照书上讲的方法去喂孩子喝奶,但孩子却经常哭闹,吃不下牛奶。这时,她认为是孩子身体不适。但经验丰富的小儿科医生一看,就叫她把奶

第四章 兰心蕙质巧布置，厅堂厨房两相宜

瓶送过去，然后用针把奶嘴孔扎大一点，再给孩子喂牛奶，这时孩子再也不哭闹了。虽然母亲给孩子喂了牛奶，但由于奶嘴孔太小，孩子无法吸出牛奶。孩子越吸越累，吃不到足量的牛奶，所以心情烦躁便开始哭闹起来。

在育儿这一时期，妻子有时忙得连自己也顾不上，所以也忽略了自己在教养方面的修养。这样下去，到了四五十岁，夫妻双方在教养方面的差距便会扩大，很难找到共同语言，从而出现裂痕。究其原因，原来是他们二十几岁时便隐藏了这种危机。

本来，身为丈夫，没有几个人为了养育小孩而愿意花时间去阅读育儿书籍，但对体育报纸等情报信息，他们却有一股执著的力量，甚至在乘公车时也要抓紧时间阅读。他们阅读的大多是有关政治、经济、社会、国际问题等消息。而女性更关心的则是有关流行物品、房间摆设等身边的事情。

而身为丈夫应该协助妻子育儿，以便使妻子有更多的时间来提高自身的教养。丈夫不应把妻子看成自己的附属品，应把她当作一个独立的人加以对待，这对30岁以后的生活有很大的影响。

二十几岁这一段时期正是确立、稳固夫妻关系的时期。如果夫妻关系十分融洽，那么对于孩子来说，他们也会效仿父母的做法，与别人建立融洽的关系。如果夫妻之间的关系形同路人，那么孩子也不大可能与别人建立融洽的关系，甚至还可能离家出走。

虽然说二十大几的男女应该仍有一定的新婚气氛，但在早上起床时夫妇却很少互相问候"早"。因此，父母必须以身作则，互相要很有礼貌地问好，让孩子有良好的学习环境，而实际上父母却并不是这样做的。

西方国家的人们认为家是一个充满亲情的地方，他们在早上起床时，夫妇之间要互相问候，自然的，孩子见到这样情况也会效仿父母的做法，在早上起床后，见到谁都要向对方问好。通过这种言语身教而学习到东西是永远也不会忘记的，所以他们就自然地养成了互相问好的好习惯。

而中国的母亲总是喋喋不休地教导孩子："要向别人问好""邻居的阿姨给你吃糖后要说声谢谢，这样下一次她就会再给糖吃。"这些东西我

写给独自站在人生路口的女人

们虽然经常挂在嘴边,但因为不是言传身教,所以孩子很容易忘记。

但人们往往容易忘记这样的真理:"孩子不愿意听父母所说的,但却很容易模仿父母所做的。"所以只有以身作则,才能教育好孩子。我们都上过小学六年级的数学课。但今天的小学六年级的数学题已今非昔比,我们恐怕是解不出答案的。对于现在的各种与数学、理科相关的问题,如果自己没有一定的数学底子,是难胜任的。可见,实际环境对一个人的教育是至关重要的。

二十大几的女人应该在妻子与母亲这两个角色中找到一种平衡,哪一个都不可以偏废,做到了这一点,你才算得上一个成功的女人。

第五章

提升自我，尽享美丽生活

我们知道再名贵的菜，它本身是没有味道的。譬如："石斑"和"桂鱼"算是名贵了吧，但在烹调的时候必须佐以姜葱才出味哩！所以，女人也是这样，妆要淡妆，话要少说，笑要可掬，爱要执著。无论在什么样的场合，都要好好地"烹饪"自己，使自己秀色可餐，暗香浮动。

写给独自站在人生路口的女人

01 制怒,做温婉贤女子

冲动是魔鬼、冲动是炸弹里的火药、冲动是一副手铐一副脚镣,冲动是一颗吃不完的后悔药。

女人在男人面前展示自己漂亮的一面,可以张扬个性,可以显现时尚,可以尽情打扮。然而人无完人,琐事太多,要做个有吸引力的女人就千万不能做"火药桶"。

现实生活中,大多数的女人常常会出现这样的情况。本来只是一些鸡毛蒜皮的小事,在别人看来不以为然,而她却犯颜动怒,火冒三丈。为此,经常损害朋友之间、夫妻之间的感情,同时又把一些本来能办好的事情给搞糟,甚至对个人的身心健康、事业成败都造成影响。

客观上讲,愤怒对女人是没有任何好处的。从生理角度说,愤怒易导致高血压、心脏病、溃疡、失眠等疾病;从心理角度而言,愤怒会破坏人际关系,阻碍情感交流,使人内疚、情绪低沉。美国科学家曾经公布的一项研究成果显示,脾气暴怒的女人不仅容易发生中风,而且还容易发生猝死。据研究显示,脾气暴怒的女性与那些脾气平和的女性相比较更容易产生心室纤维性颤动,引发中风。而且脾气暴怒的女性发生猝死的危险比一般性情平和的女性要高出20%。另外,一个女人有爱发脾气的毛病,确实是令男人苦恼和遗憾的一件事情。英国生物学家达尔文说过:"女人要发脾气就等于在人类进步的阶梯上倒退了一步。"这话未免有点过头,但发脾气的女人的确容易使人失去理智,有时甚至会使亲朋成为冤家对头。

很多女人虽然懂得这个道理,但是在实际生活中却难以自控。一遇不顺心的事就急躁易怒,容易冲动。主要是由以下因素造成的:

(1)女人好冲动,爱发脾气,与自身的气质类型有一定关系。一般说来,属于胆汁质的人,比其他气质类型的人更容易急躁,更爱发脾气。

(2)与女人所处的生活环境及所受的教育有关,它是一个个性心理中不良性格特征的表现。既然性情暴躁属于个性心理中的不良品质,所以女性朋友们就应该重视起来,认真对待。

(3)有些女人爱发脾气与缺乏涵养,与虚荣心过重也有密切联系。比较年轻的女性由于涉世不深,生活的知识、经验不足,看不到"一个篱笆三个桩,一个好汉三个帮"这一浅显的道理,只知爱惜自己的"脸面",有时明知是自己不对,为了维护"脸面"以满足虚荣心,仍不惜伤害别人的感情,故意宣泄不满,起劲指责对方,表现出一副唯我独尊的样子,而事后又常为得罪朋友和失去友情而后悔。所以说,人际间出现意见分歧,发生点小摩擦是常有的事,女人不宜将对对方的不满情绪和烦恼长期积压在心里,可以心平气和地与对方交换意见,自己有错误主动承认,对方有不足之处可以耐心指出,以求相互谅解,这不是什么"栽脸面"的事。而随意发脾气,任意发泄自己不满的女人,表现了这个女人缺乏涵养;易暴躁,则恰恰是一种自我贬低的愚蠢举动,才真正是丢了自己的"脸面"。

因此,女人应少发脾气为好。有一部分女人认为,心里有气就必须得发出来,否则会"憋闷坏了"。而近年来身心医学的研究证明,不良情绪会导致许多女性的身心疾病。例如,现在致人死亡前几位的疾病:心脑血

写给独自站在人生路口的女人

管疾病、癌症等都与长期的消极情绪的影响有关。因为发脾气无助于任何问题的解决，还常常把人际关系弄得越来越糟，所以说女人还是少发脾气为好，"制怒"对人的身心健康才是有益的。另外，值得注意的是，在我国对青少年的违法犯罪的调查中有这样的统计，经常因一时情绪冲动而犯罪者在全部青少年犯罪中占60%以上。脾气大者，骂人打人只图一时痛快，不顾后果；也许她们心里确有不平，借题发挥，也许她们想表现自己的强大，以使人不要小瞧自己，可结果往往是使自己身心健康受到了损害。

女人应该改变自己爱发脾气、性情暴躁这个坏毛病，使自己不再是男人眼中的"火药桶"。

1.要加深对这个不良个性特征会给自己和他人带来的危害的认识。一般说来，爱发脾气的女人，火气上来时只知怪罪别人，根本不考虑自己的责任。其实，在很多情况下，促使其生气、发脾气的原因并不在对方，这在日常生活中是屡见不鲜的。一个女人发起怒来，往往自己控制不了自己，其认识活动的范围也缩小了，不能正确地评价自己，甚至不顾后果，以至于伤人害己。您应该这样想，退一步说，即使责任在对方，他也可能是无意的，友谊和谅解比什么都重要，这样脾气也就发不起来了。

2.认识到在日常生活中谁都可能遇到这样或那样与自身愿望相矛盾的事，设身处地从对方的角度，用别人的眼光去看待眼前发生的问题，那您即便是胆汁质气质的女人，也不会发脾气了。

3.女人学会控制自己发脾气，有以下窍门：

（1）回避。如果在工作中或生活上遇到会使人发怒的事，可以暂时避开，眼不见为净，耳不听为宁，脾气就发不起来了。

（2）退让。退一步海阔天空，遇到使自己发脾气的事，如果不是原则大事，就采取让步退却的办法，既使自己解脱，也宽容了别人；大事化小，小事化了。

（3）控制。一旦遇到确实使自己气愤的事，静坐一会儿，用理智战胜情感，让怒气自然消失。正如一位哲人所说的："拖延时间是压抑愤怒的最好方式。"

(4)转移。遇到让自己发脾气的事,自己一时难以排遣,可以向亲友诉说一通,或者是参加一项体育活动,干一些体力活,也可以使怒气得以缓解。

02　闭口不谈他人是非

静坐常思己过,闲谈莫论人非。如果别人硬要和你说什么,告诉她你很忙。

喜欢闲聊是女人的天性,诸如衣服、品牌、化妆品、男人……谁谈恋爱了,谁和男朋友分手了,谁和老板的关系可能不正常了,谁考试没过关了,谁给上司送礼了……不要以为你说了不会有人知道,不要以为身边的人都是朋友,可能你上午说完,下午别人就知道了,而你就在毫不知情中却把人得罪了。

词典里对于"三八"的解释是长舌女人,在背后论人是非的女人一定要管好自己的嘴,闲谈莫论人非。你可以做个好的倾听者,但是如果你知道自己管不住自己的嘴,那么最好不要加入到任何的闲谈中,以免殃及自身。

曾经有位哲人说过这样一句话:"坏人不讲义,蛮人不讲理,小人什么都不讲,只讲闲话。"闲话也有很多种,一种是依事据理、与人为善的说法;一种是无中生有、搅乱是非的说法。

职场的人际关系复杂,女人朋友们为了保住自己的地位和名誉,什么都不要尝试,因为你不敢保证自己哪句毫无恶意的话会被别人捕风捉影地到处传播出来,那样即使你有一百张嘴恐怕也说不清了——得罪了人不说,还有可能从此受到排挤。试想一下,你身边的人天天给你穿小鞋,有几个人能承受得住?

Linda 在上班路上遇到部门公认的女人主管阿美,看到她从一辆豪华轿车上下来,两人寒暄了几句。回到办公室,女孩子们正在聊天,"Linda,以后少和那个阿美接触,听人说她在外面被人包养了。""难怪,我看到她

写给独自站在人生路口的女人

从一辆豪华轿车上下来。"办公室里一下炸锅了,一传十,十传百,下午开会阿美看她的眼神都不对了。以后处处都找 Linda 的麻烦,原来全公司都在传阿美被人包养,而且还有人亲眼见到了,而那个人自然是无意之中多嘴的 Linda 了。此时的 Linda 有嘴也说不清了,只得找了个借口递了辞呈。

言多必失,古人的遗训想来是有道理的。尤其是喜欢在背后议论别人的女人,总有一天你说的话会传到被谈论者的耳朵里——如果你们是朋友,那你将失去这个朋友;如果你们是同事,那你将多一个职场敌人。

03 尽力而为，但不苛求完美

完美只是人们内心深处一直追逐的东西,而它的实现环境却是在梦中！

生活中有很多完美主义者,他们希望自己所拥有的一切都是完美无缺的,但是世界上哪有十全十美的事情,于是他们只能在不完美里哀叹,成为不快乐的人。

追求完美几乎是现代女性的通病,然而不幸的是,有些人以为自己是在追求完美,其实他们才是最可怜的人,因为他们是在追求不完美中的完美,而这种完美,根本不存在。

一位女激励大师曾做了一次演讲,她说到有个洁癖的女孩:"因为怕有细菌,竟自备酒精消毒桌面,用棉花细细地擦拭,唯恐有遗漏。"

这位有洁癖的女孩,难道不知道人体表面就布满细菌,比如她自己的手,可能就比桌面脏吗？"我真想建议她:干脆把桌子烧了最干净！"

在一家餐厅里,也有对母子因为怕椅子脏,而不敢把手袋放在椅子上,但人却坐在椅子上,要上菜时,因为怕手袋占太多桌面,而菜没位置放,服务员想将手袋放在椅子上,马上被阻止:"别忙了,我们有洁癖,怕椅子不干净。"

上完菜后,一旁的客人实在忍不住,问:"有洁癖还来餐厅吃饭？自己煮不是比较安心？"

"吃的东西还不要紧,用的东西我们就比较小心了。"

天哪！这是什么回答！吃的东西不是反而该小心的吗？手袋的细菌会让人致命？还是吃下去的细菌会死人？

一个孩子犯了一个错,母亲不断地指责,因为她要为孩子培养完美的品格。孩子拿出一张白纸,并且在白纸上画了一个黑点,问:"妈,你在这张纸上看到什么？"

"我看到这张纸脏了,它有一个黑点。"母亲说。

写给独自站在人生路口的女人

"可是它大部分还是白的啊！妈妈,你真是个不完美的人,因为你只会注意不完美的部分。"孩子天真地说。

有位吴女士,是个极正义的人,对于世界上竟有这么多不义的人很痛恨,她一直很想杀光世界上的坏蛋,好让世界完美。

有一天她突然接到一封上帝的来信,上帝说,这位吴女士也是个坏蛋,因为她的心中从来就没有爱。

要求完美是件好事,但如果过头了,反而比不要求完美更糟。世界上有太多的完美主义者了,他们似乎不把事情做到完美就不善罢甘休似的。而这种人到了最后,大多会变成灰心失望的人。因为人所做的事,本来就不可能有完美的。所以说,完美主义者根本一开始就在做一个不可能实践的美梦。

他们因为自己的梦想老是不能实现而产生挫折感,就这样形成一个恶性循环,最后让这个完美主义者意志消沉,变成一个消极的人。

如果你花了许多心血,结果还是泡了汤的话,不妨把这件事暂时丢下不管。如此一来,你就有时间来重整你的思绪,接下来就知道下一步该怎么走了。"既然开始了就要把事情做好"这种想法固然没错,可是如果过于拘泥,那么不管你做些什么都将不会顺利的。因为太过于追求完美,反而会使事情的进行发生困难。

武田信玄是日本战国时代最懂得作战的人,连织田信长也相当怕他,所以在信玄有生之年当中,他们几乎不曾交过战。而信玄对于胜败的看法实在相当有趣,他的看法是:"作战的胜利,胜之五分是为上,胜之七分是为中,胜之十分是为下。"这和完美主义者的想法是完全相反的。他的家臣问他为什么,他说:"胜之五分可以激励自己再接再厉,胜之七分将会懈怠,而胜之十分就会生出骄气。"连信玄终身的死敌上杉彬也赞同他这个说法。据说上杉彬曾说过这么一句话:"我之所以不及信玄,就在这一点之上。"

实际上,信玄一直贯彻着胜敌六七分的方针。所以他从16岁开始,打了38年的仗,从来就没有打败过一次。而自己所攻下的领地与城池,也从未被夺回去过。将信玄的这个想法奉为圭臬的是德川家康。如果没有信玄这个非完美主义者的话,德川家族300年的历史也不一定存在。要记住,不能忍受不完美的心理,只会给你的人生带来痛苦而已。

有些人很勉强自己,不愿做弱者,只愿逞强,努力做许多别人期待自己却不愿做的事,这种人,才是真正的弱者。人一对你抱期望,就怕辜负了人,硬是勉强也要实现承诺,到头来才发现,原来是自己太软弱。

从根本上必须承认的,是自己的心。只有承认软弱,才可能坚强;只有面对人生的不完美,才能创造完美的人生。

荣获奥斯卡最佳纪录片的《跛脚王》是叙述脑性麻痹患者丹恩的奋斗故事。丹恩主修艺术,因为无法取得雕刻必修学分,差点不能毕业。在他求学时,有两位教授当着他的面告诉他,他一辈子都当不了艺术家。他喜爱绘画,却因此沮丧得不愿意再画任何人的脸孔。

即便如此,他仍不怨天尤人,努力地与环境共存,乐观地面对人生。他终于大学毕业,而且还是家族里的第一张大学文凭。

"我脑性麻痹,但是我的人不麻痹!"同是脑性麻痹患者,也是联合国千禧亲善大使的小朋友包锦蓉说过的话。

丹恩说,许多人认为残障代表无用,但对他而言,残障代表的是:奋斗的灵魂。

过于追求完美,你就会陷入无尽的烦恼中;而放弃对完美的苛求,你

写给独自站在人生路口的女人

却可以过上一种富有意义的生活,怎样做对你更好呢?聪明的你一定会做出正确的抉择。

04 顺应本心,敢于说"不"

如果你不愿意,没有人可以强迫你。

女人,爱自己是最重要的。对你不情愿做的事情大声说"不"。比如酒席上,轮到你喝酒,而你不善,大可以茶代酒,而不要含恨饮醉。

女人凡事都要有自己的思想和主见,这一点职业女人要做得稍微好一点,但是因为工作的关系,她们难免会碰到一些自己不情愿而又不得不去做的事情,譬如:陪客户喝酒、唱歌,甚至还要忍受那些不规矩的手,因为复杂的人际关系,很多女人选择了忍耐,然而如果你真的不喜欢这样,大可以拒绝、维护女人的尊严。要知道,正派的客户谈生意是不需要你这样牺牲的,你出卖的是能力而不是色相。

小艾是刚分配到公司的员工,属于广告创意部。刚上班一个星期,老板就让她出去陪一个客户唱歌,并声明陪同的还有几个人,都是正常的生意关系。小艾很不情愿,但还是去了,因为她不想失去这份高薪的工作。

三个四十岁左右的男人在包房里叫了几个年轻漂亮的女孩一起唱歌、跳舞、喝酒,小艾看着这些和自己父亲年龄相仿的男人,心里一阵反感,但又不得不赔笑应付。还好那天客户只顾着高兴,没对她有什么过分的举动,否则她真不知道该如何应付才是。

企划案是通过了,可是小艾怎么也高兴不起来,而且她发现同事看自己的眼光也不一样了,鄙视中夹杂着些许的嫉妒。而且有了第一次,就很难拒绝老板的第二次任务,小艾实在是进退两难。

女人,不喜欢的事情就不要去做,毕竟委屈的是自己。

在平常生活中也是一样,同事约你逛街、吃饭,如果你很累不想去,一定要告诉她,不要以为平时关系很好怕她不理解。要知道,越是真正的朋友越应该关心你、体谅你。大声说"不",在你不愿意的时候,千万不要做

138

第五章 提升自我，尽享美丽生活

自己不喜欢的事情。记着：女人在什么时候都不要勉强自己。

　　当然，这不仅局限在工作中，对于恋爱期间的女人更有意义：千万不要为了满足男友的要求而献出某些最宝贵的东西。要知道，真正爱你的男人是不会勉强你的，更不会以此作为你不爱他的理由，保持自己的尊严，那样他才会更珍惜你。爱情不仅仅是用性才能表达，语言和思想依然能表达你们的感情。而且还会让你们的感情更深。聪明的女人懂得如何拒绝，包括拒绝各种各样的诱惑。不懂得拒绝的女孩做事情很少有自己的底线和要求，当你的默认成为一种习惯，就很难再从不情愿地接受中脱身。顺应本心，坚持己见，勇敢地说出"不要"。

写给独自站在人生路口的女人

05　远离虚荣，过本真生活

莫把虚荣当光荣，争名逐利终觉悔！

女人生来是具有虚荣心的，这一点得到很多人的认同。从心理学的角度出发，虚荣心理是指一个人借用外在的、表面的或他人的荣光来弥补自己内在的、实质的不足，以赢得别人和社会的注意与尊重。它是一种很复杂的心理现象。法国哲学家柏格森曾经这样说过："虚荣心很难说是一种恶行，然而一切恶行都围绕虚荣心而生，都不过是满足虚荣心的手段。"

课本上学过莫泊桑的短篇小说《项链》，回想起来，总都有一个疑问挥之不去：玛蒂尔德为了能在舞会上引起注意而向女友借来项链，最后在舞会取得了成功，但却乐极生悲，丢失了借来的项链，由此引起负债破产，辛苦了十年才还清这一个项链带来的债务。值得吗？

玛蒂尔德真是悲哀，为了一条项链，付出了沉重的代价，最后还被告知借来的项链是假的，真是巨大的讽刺啊！造成这一悲剧的主观原因却是她自己——因为爱慕虚荣。

大师莫泊桑深刻描写了玛蒂尔德因羡慕虚荣而产生的内心痛苦："她觉得她生来就是为着过高雅和奢华的生活，因此她不断地感到痛苦。住宅的寒碜，墙壁的黯淡，家具的破旧，衣料的粗陋，都使她苦恼……她却因此痛苦，因此伤心……心里就引起悲哀的感慨和狂乱的梦想。她梦想那些幽静的厅堂……她梦想那些宽敞的客厅……她梦想那些华美的香气扑鼻的小客室。""她没有漂亮服装，没有珠宝，什么也没有。然而她偏偏只喜爱这些，她觉得自己生在世上就是为了这些。"这就是女人的虚荣心。

处于特定社会文化环境中易产生虚荣心理。在人际交往中的女人们特别注意"脸"和"面子"，因此，现代女人不会向玛蒂尔德那么虚荣地去借项链戴，然而她们却有着现代女性满足虚荣心的方法！

在某论坛有一篇贴子："浮华背后：上海女人的虚荣心"，说的是月收入不过2000～3000元的一些上海女人，却会攒下半年的工资去专卖店买

一个路易·威登的包,然后拎着这个包去挤公共汽车,走路上下班。看完这篇帖,我有点为上海女人抱不平,这样的例子对女人来说再平常不过了,难道其他地方的女人就没有虚荣心吗?

虚荣心理,其危害是显而易见的。其一是妨碍道德品质的优化,不自觉地会有自私、虚伪、欺骗等不良行为表现;其二是盲目自满、故步自封,缺乏自知之明,阻碍进步成长;其三是导致情感的畸变。

由于虚荣给人沉重的心理负担,需求多且高,自身条件和现实生活都不可能使虚荣心得到满足,因此,怨天尤人,愤懑压抑等负性情感逐渐滋生、积累,最终导致情感的畸变和人格的变态。严重的虚荣心不仅会影响学习、进步和人际关系,而且对人的心理、生理的正常发育,都会造成极大的危害。所以女人要努力克服虚荣心理。

克服虚荣心理要做到以下几点:

(1)端正自己的人生观与价值观。自我价值的实现不能脱离社会现实的需要,必须把对自身价值的认识建立在社会责任感上,正确理解权力、地位、荣誉的内涵和人格自尊的真实意义。

(2)改变认知,认识到虚荣心带来的危害。如果虚荣心强,在思想上会不自觉地渗入自私、虚伪、欺诈等因素,这与谦虚谨慎、光明磊落、不图虚名等美德是格格不入的。虚荣的人外强中干,不敢袒露自己的心扉,给

写给独自站在人生路口的女人

自己带来沉重的心理负担。虚荣在现实中只能满足一时,长期的虚荣会导致非健康情感因素的滋生。

（3）调整心理需要。需要是生理的和社会的要求在人脑中的反映,是人活动的基本动力。人有对饮食、休息、睡眠、性等维持有机体和延续种族相关的生理需要,有对交往、劳动、道德、美、认识等的社会需要,有对空气、水、服装、书籍等的物质需要,有对认识、创造、交际的精神需要。人的一生就是在不断满足需要中度过的。在某种时期或某种条件下,有些需要是合理的,有些需要是不合理的。要学会知足常乐,多思所得,以实现自我的心理平衡。

（4）摆脱从众的心理困境。从众行为既有积极的一面,也有消极的另一面。对社会上的一种良好时尚,就要大力宣传,使人们感到有一种无形的推动力,从而发生从众行为。如果社会上的一些歪风邪气、不正之风任其泛滥,也会造成一种推动力,使一些意志薄弱者随波逐流。虚荣心理可以说正是从众行为的消极作用所带来的恶化和扩展。例如,社会上流行吃喝讲排场,住房讲宽敞,玩乐讲高档。在生活方式上落伍的人为了免遭他人讥讽,便不顾自己客观实际,盲目跟风,打肿脸充胖子,弄得劳民伤财,负债累累,这完全是一种自欺欺人的做法。所以,女人要有清醒的头脑,面对现实,实事求是,从自己的实际出发去处理问题,摆脱从众心理的负面效应。

一个聪明而对生活有所追求的女人,多少都会有些虚荣心。适度的虚荣心是可以催人奋进的。所以,女人们要正确对待虚荣心,让虚荣心成为一种前进的动力,不要让虚荣心盲目膨胀而导致付出惨重代价。

06 让充实代替寂寞

满园春色关不住,一枝红杏出墙来。

空虚,是指百无聊赖、闲散寂寞的消极心态,是心理不充实的表现。

空虚心理实际是一种社会病,尤其是那些赋闲在家,除了忙家务带孩子便无所事事的女人们,她们内心存在着极大的空虚,而这种空虚却是最危险的那种。

产生这种空虚的原因有很多,其中很大的原因就是没有事情可做,而又没有人陪伴,当然,这个陪伴的人正是那些为了家庭而奔波的丈夫们。既然没有事情可做,自然会胡相乱想,上网聊天,与网上那些有钱而无聊的或者无聊而无钱又无上进心的男人们打情骂俏寻找乐趣,当她们在网络上找到了别的男人的好处(当然是她们自己认为的,这点好处就是能够陪她们聊天、贫嘴),她们的情感世界就会发生一些细微的变化,她们渴望"红杏出墙"的感觉、渴望心理上的满足。这最后考验的就是女人们的道德与欲望的问题了。

因此,有人说空虚是家庭幸福的杀手,也是婚外情最大的导火索。

一个人的躯体好比一辆汽车,你自己就是这辆汽车的驾驶员。如果你整天无所事事,空虚无聊,没有理想,没有追求,那么,你就会根本不知道驾驶的方向,就不知道这辆车要驶向何方。这辆车也就必定会出故障,会熄火的。这将是一件可悲的事情。

通过这个比方,我们不难发现,女人们由于空虚而红杏出墙其实是没有任何可以原谅的借口的,为什么要这样说呢?

因为解决空虚的方法很多,何必非要"红杏出墙"呢。那么,什么是最好的解决空虚的方法呢——忙碌,忙碌的人内心是充实的。对于一般的女人来说,如何让自己忙碌从而得以克服内心的空虚呢?下面有些很实用的方法希望能够为这些可怜的女人找到一些出路:

1. 转移目标

当某一种目标难以实现,受到阻碍时,不妨转移目标,除了学习或工作以外,培养自己的业余爱好(绘画、书法、打球等),使困扰的心平静下来。当有了新乐趣后,就会产生新的追求,有了新的追求就会逐渐完成生活内容的调整,并从空虚状态中解脱出来,去迎接丰富多彩的生活。

2. 及时调整生活目标

空虚心态往往是在两种情况下出现的。一是胸无大志,二是目标不切实际,使自己因难以实现目标而失去动力。因此,摆脱空虚必须根据自

写给独自站在人生路口的女人

己的实际情况,及时调整生活目标,从而调动自己的潜力,充实生活内容。

3. 忘我地工作

劳动是摆脱空虚极好的措施。当一个人集中精力、全身心投入工作时,就会忘却空虚带来的痛苦与烦恼,并从工作中看到自身的社会价值,使人生充满希望。

4. 求得朋友支持

当一个人失意或徘徊之时,特别需要有人给以力量和支持,予以同情和理解。只有在获得很多人支持时,你才不会感到空虚和寂寞。

5. 读几本好书

读书是填补空虚的良方。读书能使人找到解决问题的钥匙,使人从寂寞与空虚中解脱出来。读书越多,知识越丰富,生活也就越充实。

不要再为心灵的空虚寻找更空虚的解决办法了,忙碌起来,不管与自己还是于家庭幸福都是有好处的,不要因为空虚而做出愚蠢的事情而毁了整个家庭的幸福。

07　读懂男人心,赢得真爱人

做个他离不开你的女人,做个让男人晕头转向的女人。

女人好像咖啡,一种集众多的味道的极品生活的饮料,在生活深深的压力下却压榨出独特的品味,尝起来浓浓的苦,想起来淡淡的香;男人是一种茶,是一种混杂着多种浓情和淡意的饮料,它不仅是为女人所准备,更是为了男人自己。

男人喜欢女人温柔体贴、性感美丽、勤劳能持家……女人总以为男人这样男人那样,为什么不听听他们怎么想?

男人对他们所爱的女人有什么期待?身材、外貌、能力、家世、个性也许都可能,但一段真诚的亲密关系始于当男方感受到女方"真正爱他"。

当爱情只建立在单方面的需要和感受上时,便好像一个易碎的玻璃球,一经碰撞随即粉碎。然而,当女人能够承认一切感情上的难关,其实是源于彼此试图了解及更喜欢对方时,男人就不再成为两性关系中唯一不体贴,及不愿付出爱情的一方。

去"真正爱一个男人"的意思是:避免批评他爱你的动机;避免把他放进性别分类内——譬如挑剔男人总是这样,男人总是那样;去了解他的能力,避免要求他付出超过他所能付出的;以及避免在关系出现问题时,总是不公平地把责任全推卸到他身上。

在与数百名男士畅谈他们理想的亲密关系后,搜集了以下的"男人宣言"。男人希望及需要:

"当我提出她使我感到压力时,她能够欣然接受,而不指责我吹毛求疵或不爱她。我希望她能够依我们讨论的方法将彼此关系拉近。"

"她能承认自己也有自私的一面,我不是唯一以自我为中心的人,她自己对于爱情的付出也有限,甚至有时她只是利用我去满足她的要求;此外,我也不希望她潜意识里隐藏着一些对男人的刻板印象及负面感觉。"

"她知道沟通应该是双向的。当我们争执后能平静地讨论原因,我希望她知道我的激烈反应有部分受她影响所致。我不希望被指为是'有问

写给独自站在人生路口的女人

题的一方'或'不懂如何爱人'。"

"她爱的是真正的我,而不是她幻想中完美的我。我不希望自己只是去满足她的浪漫幻想,因为我知道现实并非如此,结果可能会令她更失望。"

"她不会因我或我们的关系而牺牲她身边的其他事物;因为她这样做,会使我感到被迫付出多于我愿意付出的。换句话说,我希望我所爱的女人能够了解:当我付出比她期望的少,不一定是我的错。"

"她能够容许我有自己的意见,不会认为我的意见不当,而强迫改变我。当碰到问题时,她能够与我并肩作战;当我们发生争执时,她能够视它为一种拉近彼此距离的沟通方法,而不会认为我提出问题是在找麻烦。"

"她不会过分要求我超越自己的能力去令她快乐。我也不希望她改变自己来迎合我,并希望我为她的牺牲负责,她不要只告诉我对我们的关系有任何不满,而是要提出一些如何改善的方法。我不希望老是去猜测她的想法,现在她是否不高兴?当问题出现时,被告知它的存在是不够的;我更希望她与我一同解决问题。"

"我也许是比较自我的人,但我不希望我的动机被误会;更不希望当我有什么做得不恰当时,就被认为是不重视这份感情。"

"她能够给予我所希望得到的;而不是她希望我得到的东西。"

"她不会过分高估或低估我,我只是一个普通人——有优点亦有缺点,我跟她一样也有脆弱的一面。"

相信当女人了解男人在两性关系上所面临的挣扎,及传统两性关系日渐改变后,爱情也将更令双方感到满足。事实上,美满的两性关系,不单能令双方都得到健康的生活,而且能够摆脱长久以两性之间"因了解而分离"的悲剧。

同时,聪明的女人们从这份"男人宣言"中,也能发现男人们的需要,能够让自己逐渐变成善解人意的男人生命中那个最满意的"她",只有你真正领悟了这些,并做了一些生活上或者习惯上的改变,你的男人就会追着你的屁股后面说:"我这辈子都离不开你了"!

08 勇敢应对家暴，不做沉默羔羊

你要不发威,你的丈夫真会把你当"病猫",而越发地不重视!

一个男人在他的妻子面前就是一座山,一根顶梁柱,他有责任有义务去保护、爱护他的女人,这是一个最基本的要求。如果连这一点都做不到,甚至动手伤害自己的女人,那他就不配做一个男人。无论出于什么原因,在女人身上施加暴力的男人是最没出息的垃圾。

所以,如果女人的生活中有这样的男人,千万不要保持沉默,抱有任何幻想,应尽早地脱离苦海。

但遗憾的是,在现实生活中,太多的女人出于种种原因,受了伤害却把泪悄悄地咽在肚子里。

据一项调查显示,面对家庭暴力,大多数人还是选择自我消化为佳,"谁愿意把家丑扬到外面去"?

在某小区,中年女子素珍(化名)就是"家丑不可外扬"的典型。其所

写给独自站在人生路口的女人

住小区居委会主任称,素珍常被丈夫打得伤痕累累。可面对媒体的关注她却采取了掩饰回避的态度,"家丑不可外扬,我没有被打,你们不许乱说!"

据居委会主任介绍,素珍长期受丈夫打骂,居委会多次出面调解都没有用。"我们也是接到邻居举报才知道的。我当初去找素珍时,她不承认自己被丈夫打。后来有一天,我经过她们家楼下,隐隐约约听见女人的哭喊声,敲开门看见素珍趴在地上,其夫满嘴酒气,这样的事情发生了很多次。"

真是让人难以理解,那些深陷苦海的女人怎么就不明白,保持沉默能解决什么问题?

当家庭暴力发生时,首先你可以拨打110报警。

公安机关在接到家庭暴力报警后,会迅速出警,及时制止、调解,防止矛盾激化,并做好第一现场笔录和调查取证;对有暴力倾向的家庭成员,会进行及时疏导,予以劝阻;对实施家庭暴力行为人,根据情节予以批评教育或者交有关部门依法处理。如果伤情严重,受害方可以到公安机关指定的卫生部门进行伤情鉴定,受害方可以到法院起诉实施家庭暴力行为人。

再不济,你还可以求助于媒体。

刘丽是从山西来津当保姆谋生的,后来开了一间养老院。2003年9月,刘丽经人介绍认识了张某并很快结婚。蜜月里,张某对刘丽还算体贴,可婚后两个月,张某猜忌的本性就逐渐显露出来。第一次,张某怀疑刘丽与20多岁的小伙子刘某发生关系,抓住刘丽的头狠命往墙上撞,并不停蹬踏其腹部,导致刘丽的左眼青肿,视力模糊;第二次,张某无故打人,刘丽上前阻止,又被他打得头破血流,两肋疼痛。刘丽提出离婚,但被张某的妹妹和邻居劝下了。

此后,张某更加猖狂,"破鞋""窑姐"常挂在嘴边,并时常检查刘丽的内裤,只要他觉得有异样就说刘丽和别人发生关系,不分青红皂白就是一顿毒打。去年9月初,张某再次诬陷刘丽和别人有染,用手猛抠刘丽的下体,致使其下体流血不止,还扬言要拿刀剁了刘丽,刘丽不得已从家里逃了出来。

事发后她向媒体求助,媒体为她找到了律师,无偿为她提供法律援助。刘丽终于勇敢地向法院起诉离婚,在刘丽的坚持和不懈努力下,对方终于同意离婚。2005年年底,刘丽在妇联的介绍下再次走进婚姻的殿堂,如今夫妻两人共同创业,过着幸福的生活。

说起当年的那段经历,刘丽感慨万千,她说:"在表面看似和谐的家庭中,不知道有多少像我当初一样的妇女忍受着家庭暴力,可她们碍于面子和孩子,不敢去反抗,有苦只能往肚子里咽。我想用自己的亲身经历告诉她们,勇敢地反抗,才能获得重生。"

由于不幸的家庭各有各的不幸,我们不能一概而论,给你开什么灵丹妙药,在此,仅给你支出以下几招,你可以选择适合自己的解决方式来应对家庭暴力。

(1)重视婚后第一次暴力事件,绝不示弱,让对方知道你不可以忍受暴力。

(2)说出自己的经历。诉说和心理支持很重要,你周围有许多人与你有相同的遭遇,你们要互相支持,讨论对付暴力的好办法。

(3)如果你的配偶施暴是由于心理变态,应寻找心理医生和亲友帮助,设法强迫他接受治疗。

(4)在紧急情况下,拨打"110"报警。

(5)向社区妇女维权预警机构报告。这个机构由预测、预报、预防三方面组成。各街道、居委会将通过法律援助站或法律援助点,帮助妇女提高预防能力,避免遭遇侵权。

(6)受到严重伤害和虐待时,要注意收集证据,如:医院的诊断证明;向熟人展示伤处,请他们作证;收集物证,如伤害工具等;以伤害或虐待提起诉讼。

(7)如果经过努力,对方仍不改暴力恶习,离婚不失为一种理智的选择。这也是目前摆脱家庭暴力的一种方法。

不管怎样,面对家庭暴力,女人千万不要做沉默的羔羊,你的妥协只会更加助长男人的兽性,使问题日趋严重。

写给独自站在人生路口的女人

在两性平等的爱情中间,谁也不应该惧怕或奴役对方。千万不要相信他的悔恨、道歉和眼泪,如果他真心爱你,保护你还来不及,为什么要如此摧残心爱的人呢?更何况这种施虐者的治愈率奇低,而且不思改过。如果你不当断则断,就会永远徘徊在被他毁灭和他的允诺之间,永无宁日。

09 提升涵养,做优秀的女子

男人在大事上很少情绪化,所以做了决定不会后悔,女人不管大小事都可以带着愤怒或情绪去处理,事后后悔连连。

女人一定要有涵养,就像男人一定要有宽广的胸怀一样。在这一点上,职场女人由于受到了工作和人际关系所限,通常都做得很好。

有涵养的女人由内而外都散发着一种高贵、优雅的气质,不论在什么场合都不会由着自己的性子来,好的涵养可以让她们克制自己的不满,冷静下来理智地解决问题,而不是摔门而去,冲动之下,失去本该拥有的机会。涵养是所有女人美丽的底色,居家女人也不例外。

通常喜欢读书的女人都很有涵养。

小雅是公司的财务总监,聪明漂亮,丈夫自己经营着一家公司,两人是大学同学,十分恩爱,绝对的事业爱情双丰收。

一次,她和同事逛商场时,发现自己的丈夫搂着一个和自己女儿差不多的小女孩谈笑风生,小雅当时很没面子,真想冲上去给丈夫和那个不要脸的女孩两个耳光。

丈夫看到她也愣了。然而小雅却平静了一下,走到丈夫面前,说:"嗨,逛街呢,继续!"说完优雅地走了过去。事后才知道原来那是丈夫同学的女儿,出国不在家托他照顾。小雅庆幸自己当时没有冲动,丈夫也开玩笑地说:"小样儿,看不出来挺镇静呀,不过谢谢你!没有让人家见识到你这位'醋劲十足'的阿姨的厉害!"

作为女人,不要总指望自己的每次付出都能够得到回报。生活中充满着诸多的无奈,有些目标并非努力了就能达到。偶尔给自己找个借口,给自己一点宽容,学会用理智控制情绪。理智给女人带来的是智慧,智慧让女人把握住了自己。如果女人能够拥有深厚的涵养、非凡的气度,就能在今后的生活中得到更大的回报。

什么是涵养?涵养就是控制情绪的能力,而并非软弱。所谓软弱是指无条件的屈服,涵养是指有原则的谦让,指身心方面的修养功夫。相信很多女人会经常陪着你的他参加会议、聚会,在社交场合如果你能给他争来极大的面子,那么相信你的他会更加在乎你、更加欣赏你的。

在参与社交活动时,必须注意仪表的端庄整洁,适当的修饰与打扮是应该的。女人外表固然很重要,但女人真正的魅力要靠内涵透出的一种让人信服的内在气质来体现,这就是内涵。女人味是女人至尊无上的风韵——一个女人长得不漂亮不是自己的错,但没有内涵就是自己的问题了。

女人如何让自己在任何场合都保持着一种优雅的涵养呢?

(1)多读书。书,使女人的生活充满光彩,使女人有正确的思想;书,能净化女人的灵魂。因此读书的女人看起来都是很有修养的,那种内涵可持续她的一生。

(2)练就大的肚量。就算生气了也要扬扬嘴角,斤斤计较的话别说是涵养,就连教养都会丢掉。

(3)不要穿得花枝招展。在选择服装时,应该精心地挑选,慎重地对待,要根据自己的年龄、身材、职业特征去合理的搭配,这样才会给人以耳目一新的感觉。有品位的服装也会时刻提醒你注意自己的身份和仪表,不管遇到什么突发状况,都能保持冷静。

女人,不能因为性别的优势就得寸进尺,那样反而会让你失去别人的尊敬,随时保持应有的涵养,才能让你周围的一切尽在掌握。

写给独自站在人生路口的女人

10 宽容别人，善待自己

宽容不仅是原谅别人过失的气度，也是把握自己情绪行为的能力。

宽容对于每个人都很重要，而对于针鼻儿大小心眼的女人们更有特殊的意义。

有一个家里非常富裕的漂亮女人，不论其财富、地位、能力都无人能及。但她却郁郁寡欢，连个谈心的人也没有。于是她就去请教无德禅师，如何才能赢得别人的喜欢。

无德禅师告诉她道："你能随时随地和各种人合作，并具有和佛一样的慈悲胸怀，讲些禅话，听些禅音，做些禅事，用些禅心，那你就能成为有魅力的人。"

女士听后，问道："大师此话怎么讲？"

无德禅师道："禅话，就是说欢喜的话，说真实的话，说谦虚的话，说利人的话；禅音就是化一切声音为微妙的声音，把辱骂的声音转为慈悲的声音，把诋毁诽谤的声音转为帮助的声音；禅事就是慈善的事、合乎礼法的事；禅心就是你我一样的心、圣凡平等的心、包容一切的心、普济众生的心。"

女士听后，一改从前的霸气，不再因为自己的财富和美丽而凡事都争强好胜了。对人总是谦恭有礼，宽容大度，不久就赢得了所有人的认同，拥有了很多知心的朋友！

宽容是一种修养，一种境界，一种美德，更是一种非凡的气度。作为女人，也许很娇贵，也许很单纯，也许很浪漫，但拥有一颗宽容之心，才是作为女人最可爱的地方。然而女人中很少有能够懂得宽容的真正含义的，更难以真正做到宽容。要知道，宽容是需要女人用时间和行动来实现的，那是一种博爱，一种看透人生的淡定。

宽容对于一个女人来说是尤为重要的。在长期的家庭生活中，它是吸引对方持续爱情的最终的力量，它不是美貌，不是浪漫，甚至也可能不

是伟大的成就,而是一个人性格的明亮。这种明亮是一个人最吸引人的个性特征,而这种性格特征的底蕴在于一个女人怀有的孩童般的宽容。

当然,宽容也不是没有界线的。因为,宽容不是妥协,尽管宽容有时需要妥协;宽容不是忍让,尽管宽容有时需要忍让;宽容不是迁就,尽管宽容有时需要迁就。

宽容更多的是爱,在相爱中,爱人应该是我们的一部分。在这个前提下,甚至于婚姻的错误有时也会成为一种营养,它的意义不是教会我们如何谴责,而是教会我们如何避免。即便无法避免爱情的悲剧,最终到了各奔东西的时候,宽容的女人也不会忘了说声:"夜深天凉,快去多穿一件衣服。"因为一个犯了错的人,他也许正在他的内心谴责着他自己;而且,在这句话中,你不但在给自己机会,同时也在给别人机会。

现实生活中常常发生这样一类事情:

写给独自站在人生路口的女人

丈夫在生意场上爱上了一合作伙伴,那是个腰缠万贯的独身女人,且年轻貌美,聪明能干。

妻子知晓后无法接受这一事实:大吵大闹,寻死觅活,"祥林嫂"般地见人就哭诉:"都十几年的夫妻了,他居然这样。我要离婚!"

那男人看起来居然很委屈的样子,说:"本来不想闹大,是她不依不饶,让我觉得没有办法在家里待下去了。"后来,丈夫坚决要离婚,理由就是妻子太小气。

妻子此时也冷静下来了,分析了一下目前自己的处境后,她对丈夫说:"我给你三个月的时间,让你去和她过日子。如果你们真得难舍难分,我成全你们;如果过不下去,你还是回来,我们好好过日子。"

丈夫带着壮士一去不复返的豪迈走进了独身女人的家。两个月零七天后,丈夫回来了,说:"我们好好过日子,我离不开你和女儿。"妻子微笑着接纳了丈夫……我们先不谈论在这件事情上女人受到了多大的委屈,单看其结果,也足以说明:学会了宽容,最大的收益人是女人自己。

章含之的《跨过厚厚的大红门》中有这样一段话:"有一次,别人看到乔冠华从一瓶子里倒出各种颜色的药片一下往口里倒很奇怪,问他吃的是什么药。乔冠华对着章含之说:'不知道,含之装的。她给我吃毒药,我也吞!'"这是一种爱的表达。

乔冠华是何等人物,他对爱的理解是如此之深。其实每一个深深爱着的女人,都会心甘情愿地献出自己的一切,去悉心地照料、庇护她所爱的人。男人在女人面前永远是长不大的孩子,生活中他们有着太多的不可爱,然而女人不宽容他们,他们又有何幸福可言呢?

宽容,能体现出一个女人良好的休养,高雅的风度。宽容不是妥协,不是忍让,不是迁就,宽容是仁慈的表现,超凡脱俗的象征,任何的荣誉、财富、高贵都比不上宽容。宽容别人的女人,其实就是宽容自己。

11 踏实内敛，不浮不炫不张扬

只顾着表现自己的人永远是长不大的孩子，而这类孩子往往都令人反感！

爱表现是每个人的天性，人们总是认为做人就该多想着自己，多表现自己，至于别人怎么看自己才不在乎呢。然而，这种为人处事的方法是存在很大问题的，一个不顾及别人的人也难获得别人的认可。在这点上，许多男士做得相当好，他们表现出了良好的素质和成熟魅力，相对而言，二十几岁的女人们则极端了一些，她们爱表现的欲望甚至超越了儿童，恨不得地球都要围着自己转才好，所以她们也经常由于这点吃亏被人厌恶！

有的人说话，不顾及别人的态度与想法，只是一个人滔滔不绝，说个没完没了，讲到高兴之处，更是眉飞色舞，你一插嘴，立刻就会被打断。这样的人，还是大有人在的。

李小姐就是这样一个人，只要她一打开话匣子，就很难止住。跟她在一起，你就要不情愿地当个听众。她甚至可以从上午讲到下午，连一句重复的话都没有，真不知道她的话都是从哪来的。每次她找人闲聊，大家都躲得远远的，因为和她在一起实在没劲。

人与人交往，重要的是双方的沟通和交流。在整个谈话过程中，若只有一个人在说，就不容易与对方产生共鸣，达不到沟通和交流的效果。就是说，交谈中要给他人说话的机会，一味地唠叨不停就会使人不愿意与你交谈。

每个人对事物的看法各不相同，如果你在与他人交往的过程中，把自己的观点强加给别人，就会引起他人的不满。其实，每个人由于生活经历不同，对事物的认识也会不尽相同，各持己见也是正常的现象。但是当他人提出不同意见时，就断然否定，把自己的观点强加给别人，这样必定会给人留下狭隘偏激的印象，使交谈无法进行下去，甚至不欢而散。当你与他人交谈时，应该顾及对方的感受，以宽容为怀，即使他人的观点不正确，

写给独自站在人生路口的女人

也要坚持与对方共同探讨下去。

还有的人十分热衷于突出自己,与他人交往时,总爱谈一些自己感到荣耀的事情,而不在意对方的感受。

27岁的A女士就是这样一个人,不论谁到她家去,椅子还没有坐热,就把她家值得炫耀的事情一件一件地向你说,说话的表情还是一副十分得意的样子。一位老同学的丈夫下岗了,经济上有点紧张,她知道了,非但没有安慰人家,反而对这位同学说:"我家那口子每月工资6000元,我们家花也花不完。"她丈夫给她买了一件漂亮的衣服,因为很值钱,她就跑到人家那里去炫耀:"这是我丈夫在香港给我买的衣服,猜一猜多少钱?1800元。"说完很得意的表情,意思是:怎么样,买不起吧?

表现自己,虽然说是人的共同心理,但也要注意尺度与分寸。如果只是一味热衷于表现自己,轻视他人,对他人不屑一顾,这样很容易给人造成自吹自擂的不良印象。

有一个女青年,刚调到公司的时候,为了让别人尽快地了解她,给别人留下深刻的印象,处处表现自己。本来是领导已经知道的事情,她偏偏要去积极地汇报。在同事面前,天天都说自己有学问,有能力,说以前在某某单位时,自己干得多么出色,在上大学的时候,成绩是多么的好,老师多么器重她,同学们多么佩服她。刚开始,大家还认真地听她说。后来,大家对于她的表现都十分反感,觉得她太爱表现自己了。

一次,领导问大家:"有一项工作,谁能够胜任?"这个女青年一看机会来了,就抢先向领导说:"我能干好。"弄得大家心里都不太痛快。其实,她根本就没有把握,可是为了表现自己,就打肿脸充胖子的揽了下来。但接下来,她可就犯了难,自己对这件工作真的是没有把握,做好做坏,心里一点儿底也没有。看得出来,她有向同事求救的想法,可是大家心里暗笑,没有一个人帮她。有一位同事说:"没那金刚钻,别揽瓷器活儿啊。"逗得大家哈哈大笑,她也只好一脸的苦笑。后来,这项工作她没有按时完成,领导非常生气,批评了她。一位同事对她说:"你也该接受教训了,以后踏踏实实地工作吧。"说得她不断地点头。

一个人在与别人相处和交往的时候,要多注意别人的心理感受。只有抓住了别人的心理,才能真正赢得别人的赞赏与好感。如果你只知道表现自己,抢出风头而不给别人表现的机会,你就会遭到别人的怨恨,使自己陷入尴尬境地。

12　投入热情干工作

做女人一定要有热情,这也是做女人的一个法宝。没有热情的女人一无所有。更别提什么优雅的气质。热情最能点燃男人的爱火。热爱生活的女人,从不放弃任何尽情享乐的机会,男人不但感染到这股热情更会给予狂热的回报。热情的女人最懂得生活情趣,感情丰富细腻,她们通常体贴入微,纯真大胆,喜欢迎接挑战,尽情探索人生。与她们交往,男人会觉得很轻松,不必做一个戴着假面具的正人君子。

1. 热情并非是生活的累加

每一个人都有一定的愿望,有的愿望热得发烫,而有的愿望冷冰冰的。要能够成功,必须使愿望充分燃烧,只有充分燃烧的愿望才可能实现,而燃烧愿望的就是热情。而一个人的愿望能否实现,与这个人是否能对他们的愿望倾注极大的热情,并保持这种热情有很大关系。

写给独自站在人生路口的女人

但现实生活中的多数女人,不能为自己的愿望倾注较大的热情。更多的女人,只有三分钟的热情,干什么事情开始信心很大,热情很高,但很快就会缺乏热情。热情是来也匆匆,去也匆匆。这是她们不能成功的主要原因之一。大多数的女人缺乏持久不断的热情,从而浪费了太多的精力和时间,没有成效。从经济学来看,这是毫无效益的投入,也是许多女人沮丧的根本原因。女人们的失败,使她们怀疑一分耕耘,一分收获;怀疑成功是否可能;怀疑她们自己的能力,丧失信心。在她们的眼里热情就是生活的累加。

如果女人对愿望有强烈的渴望,有高度的热情,一门心思地去追逐愿望,有"衣带渐宽终不悔,为伊消得人憔悴"的毅力,那么愿望一定会实现。高度的热情会使女人的潜能得到充分的燃烧,从而使自己的能力得到极大的发挥。在热情燃烧之下,女人会以无所畏惧、勇往直前的精神,去追逐自己的目标,实现自己的愿望。女人一定要对生活有高度的热情,这样才会把愿望点燃,实现自己的远大目标。

2. 女人对工作越有热情就越美丽

一个对工作热情的人无论是在什么公司工作,都会认为自己正从事的工作是世界上最神圣最崇高的职业,始终对它怀着浓厚的兴趣。无论工作困难多么大,始终会一丝不苟地不急不躁地去完成它。

20世纪之初,法国美学大师马塞尔·布朗斯维基展望我们这个时代,在他的《女人与美》一书中断下如此妄言:"将来的女人,因为投入工作缺少时间,就会无暇来保养照顾自己。"他的主要一个论点就是:职业活动与理想的女性美之间是相互抵触的。

但事实是:女性对工作越有热情,她们就越发注意自己的仪表形象,越发显得容光焕发。上班族女性化妆的频率远高于没有职业的女性,她们用于梳妆打扮的时间更长,也更频繁地出入于美容院做一些美容项目,必要时还会通过整容手术使自己显得比家庭妇女更年轻更有朝气。

职业生活成了促使女人们完善自我形象的一个额外因素,使她们为此花费了更多的时间、精力和金钱,尤其是在女性占优势的职业中,外貌的地位就越发突出重要。她们不仅希望经济独立而且还要漂亮迷人,不

仅工作出色而且魅力永存;她们希望工作上和男性平起平坐,而且在美学上继续保持优势地位。在现实生活中,有很多的女性都是随着职业的上升而越发容光焕发。

13 简单生活,走近快乐

最近几年,都市里开始流行减法生活,所谓的减法生活就把生活尽量简单化,因为不停的追逐,不断的索取已经让人喘不过气来了,是该抛下重负,回归简单的时候了。

所说的简单生活,应该有两个方面的含义。一个是我们可以利用简单的工具,完成我们的工作。另一个就是我们的生活态度可以简单一些,

写给独自站在人生路口的女人

可以单纯一些,主要是对物质的要求简单一些,而把更好的心情和体验留给大自然,留给自己的心性和自己真正想要的生活。

这个世界本来就是多极的,有人喜欢奢华而复杂的生活,有人喜欢简单甚至是返璞归真的生活。当人性中的浮躁逐渐被时间消解了的时候,人们似乎更喜欢简单的生活。这是一种趋势。

衣食住行一直是人们企图高度满足的四方面。只是眼下无论在西方,还是在东方,总有一些人,不仅对物质的要求变得简单,住简单而舒适的房子,开着简单而环保的车……而且处理现实的工作时,也在追逐简单而实用的方式,用现代科技带给现代人的简单工具,"修改"着自己的工作和生活,出门带着各种银行卡,走到哪里刷到哪里,揣着薄薄的笔记本电脑,走到哪里工作到哪里,甚至在厕所里也可以打开电脑处理一些日常工作……并从这些简单中得到无限的乐趣。

不过,人们为了追求简单的生活,往往会付出很大的代价。首先,是精神上或观念上的代价。中国改革开放以来,一些人突然富有起来,但是富起来的人面对眼花缭乱的财富时,就有点手足失措,有些人竭力去追求奢华,似乎想把过去贫困时期的"历史欠账"找回来。社会学家对这一时期"奢华"的解释是,中国人过去太穷了,"暴吃一顿"也算是一种心理补偿。每个正在发达的社会都会有这一阶段,就是暴发户被大量批发出来的阶段,是一个失去了很多理性的阶段。到了现在,社会理性逐渐恢复,人们对生活和消费也逐渐变得理性。追求简单的生活方式,就是一些为了格调而放弃奢华的人的重新选择。

另一个代价就是人们在技术上的投入代价。为了满足人们日益追求简单生活的需求,那些抓住一切机会创造财富的商人们都付出了极大的开发成本。如电脑厂商把电脑做得越来越小,这种薄小是需要付出较大研发成本的。

很多看起来简单的东西都是人们花费了很多心血折腾出来的,是这些人的心血让我们的生活变得简单而开阔。

节奏紧张的现代社会,各种各样的压力让人苦不堪言。像"我懒我快乐""人生得意须尽懒"等"新懒人"主张的出现,就一点不奇怪了。"新懒人主义"本着简洁的理念、率真的态度,从容面对生活,探究删繁就简、去芜存菁的生活与工作技巧。

一本《懒人长寿》的国外畅销书说,要想获得健康、成就与长久的能力,必须改变"不要懒惰"的想法,鉴于压力有害健康,应该鼓励人们放松、睡点懒觉、少吃一些等。其主要观点是,"懒惰乃节省生命能量之本"。

"我懒我快乐"的懒人哲学,即使无力改变这劳碌社会的不理智、不健康倾向,起码亮出了一份鲜明有个性的态度——懒人控制不了整个社会,却能控制自己的欲望。古人说:"从静中观动物,向闲处看人忙,才得超尘脱俗的趣味;遇忙处会偷闲,处闹中能取静,便是安身立命的工夫。"

当你渐渐长大的时候,你很羡慕你母亲结婚时的那套瓷器。那套瓷器放在玻璃橱里,只有擦灰时才拿出来。"总有一天这些都会成为你的。"母亲说。在你的新婚时,母亲把那套精美的瓷器送给了你,但你已不想要那些东西了,因为它们须得小心照料才行。于是,你把这瓷器转给你的朋友,她们高兴极了,你呢,则省掉了一堆活计。

你把这故事告诉一个邻居,他说:"你正好给我出了个好主意!"第二天他拿了把铁锹,去挖屋前面的草地。我不相信自己的眼睛:"这些草你要挖掉吗?它们是多么难得,而你又花了多少心血啊!"

写给独自站在人生路口的女人

"是的,问题就在这里,"邻居说,"每年春天要为它施肥、透气,夏天又要浇水、剪割,秋天要再播种。这草地一年要花去我几百个小时,谁会用得着呢?"现在,他把原先的草地变成了一片绿油油的山桃,春天里露出张张逗人爱的小脸。这山桃花用不了多大精力来管理,使他可以空出身子干些他真正乐意干的事情。

把要你负责的事情分成许多容易做到的小事,然后,把其中一部分委托给别人。

去除那些对你是负担的东西,停止做那些你已觉得无味的事情。这样你就可以拥有更多的时间、更多的自由,在简单的生活中找到属于你的快乐。

14　聪明易被聪明误

善于"装傻"的人是真的聪明的人,而只有真正傻的人才不会"装傻",尤其是女人!

不知道从什么时候开始,更多的男人开始偏爱那种傻女人。其实男人喜欢聪明的女人多半喜欢她们的才华和能力,但男人都是惧怕聪明女人的高傲、头脑。"傻女人"不一样,她们总是很信任男人,相信男人的每一句话,因为她们知道无论什么时候男人总是要回家的。即使是深夜他也会踏着月光回到自己的身边。"傻女人"从不问及男人的过去,因为她们知道那些过去是属于男人独有的秘密,她们总是给男人更多的私有空间,因为女人深知男人都有属于自己的一片天空即使男人在外面玩得再"疯",她们也从不过问一句。

这样的"傻女人"她们心里明白自己在做什么,不过是在故意装傻,而男人对这种女人又偏偏买账,何不做个快乐的"傻女人"呢!不过"傻女人"可不是"笨女人",她们看得懂男人的一切心理,只不过不愿意说破罢了,她们用最聪明的方式把男人永远留在了自己的身边。"笨女人"总以为男人是自己的天下,管得没有方法,爱得没有原则,最终是她自己让

第五章 提升自我，尽享美丽生活

男人推开了她。

俗话说："聪明的女孩人人爱！"但许多事实证明，太聪明的女人并不可爱……虽然有的女人相貌长得出众，但是因为太聪明，或者说话方式太冲，让别人无法接受；有的女人在表述一个观点或反驳别人的意见时，总是口若悬河、直抒胸臆，也不管别人受不受得了。

有时只不过因为自己和别人对某事的看法不太一致，或者在谈话间谁犯了知识性的错误或是逻辑错误，也会被她毫不留情地指出。特别是在人多的场合，在别人谈兴正浓时，突然被她捉出一个硬伤，大煞风景不算，还弄得很没面子。这样的女人会让人觉得不舒服。再漂亮的脸蛋，看多了也就这么回事，而太过凌厉的个性，只能让人敬而远之。

其实，有很多时候，女人不必这么聪明的。又不是商务谈判，更不是什么原则性问题，何必咄咄逼人呢。肚子里有再多的墨水，也不必成天卖弄，藏在心里，有麝自然香。搞不清高尔基是哪个国家的人，也不是什么大不了的事情，何必非让人家下不了台呢？

正常情况下，学历高，聪慧又漂亮的女孩子，处朋友本应没有任何问题，但高智商的她们，往往又一眼识破了男人们的甜言蜜语，看穿了男人

163

写给独自站在人生路口的女人

们的拙劣把戏,自然恋爱也谈不起来。聪明的女人,善于洞察一切,总是能一下子击中要害,让人无所遁形。聪明的女人,太有威胁性,没有安全感,所以男人最怕聪明女人。

生活中,最受欢迎的大概就是"傻傻"的小美人了。她们总是比男人"笨"一点点。能理解男人在说什么,却表现得永远不会比他懂得更多,看得更远。记住,太聪明的女人不可爱。收起锋芒,做个会装傻的聪明女人吧。聪明的女人懂得什么时候该聪明,什么时候该装傻。

可是,"装傻"应该怎样做呢?

(1)要达到"装傻"的境界。这是聪明女人的处世哲学。其实"装傻"并不是让人唯唯诺诺,忍气吞声,任何事情都有它的模糊地带。

(2)换一种方式,把生活中的小事模糊处理。这也是老子所谓的"大智若愚"的观点,而且这样做才是真正聪明女人的处世经。

(3)"装傻"是一种技巧。它不是要你时时都在"作假",如果这样,这个人反而成了一个比傻子还"傻"的人了。它是为某种需要,而做出适时的"装傻"之举。

第六章

激活个人资本,做幸福成功女人

女人有资本,女性特有的敏感、细腻、灵活、韧性、关爱、情商、注意力以及第六感觉都是她们得以立足的资本,然而你会利用这些与生俱来的资本吗?未必,大部分的女人只是希望依附于丈夫的庇护之下,期盼着丈夫不要变心;丈夫健康能干;丈夫升官发财……难道你就没有想过,你的资本根本不比男人少,甚至还要多。发掘女人的资本,让这资本在你的人生中闪光,做一个生活和事业上幸福的成功者!

写给独自站在人生路口的女人

01　内外兼修

　　女人姣好的长相,是使男人迅速坠入情网的"导火线"。男人的"甜言蜜语",使女人乐于被拉下爱河。女人美丽的面容,是使男人拜倒的"迷魂汤";男人的甜言蜜语,是使女人投入怀抱的"杀手锏"。女人意识到自己的美丽是男人的悲哀,男人意识到自己的才能是女人的幸福。

　　人为什么爱美?古希腊哲学家亚里士多德说:"只要不是瞎子,谁都不会问这样的问题。"随着时代的发展,女人意识逐渐觉醒,女人从幕后走到了台前,美貌更是成了女人获得成功的辅助手段。各式美容产业方兴未艾,影视屏幕上女明星流光溢彩,顾盼生辉;不少大网站都开设明星女人写真区,以增加网站的访问量。可以说,现代女人已经是社会中一道靓丽的景致,为人们所承认,所欣赏,所赞叹。

　　美,具有极高的经济价值。研究者曾经做过这样一个实验分析:他们把一组照片给评审人打分数,由最美至最丑排序,然后对这些数据进行分析。他们发现一般被认为较美的人,与缺乏美貌者做同样的工作,她们的报酬却会相对多一点,可能由于拥有美貌者较能促使该公司的营业额上升。接着,他们又对一份法律学院毕业生的资料进行研究,发现拥有美貌者多负责出庭打官司的外部工作,而缺乏美貌者则多担任内部处理文件和研究工作。

　　随后,他们又发现当女人到一定年龄后,貌美的大多会继续工作,赚取较高的收入;缺乏美貌的,则会离开劳动力市场,嫁人去了,不幸的是,她们的结婚对象,平均收入也都较低。美是稀缺资源,女人是稀缺人才。

　　因此,对于二十几岁的女人来说,如何让自己成为一个女人,是很重要的事情,而这种事情只有自己能够完成,别人是无论如何都帮不上忙的,为什么这样说呢?因为有些女人天生丽质,自身条件就很不错,美丽对于她们来说很轻松,而对于另外一些女孩来说,美丽就成了她们的心理负担,因为她们生来就很普通,从来没有把自己想成人人都想多看几眼的女人。

下面,针对这两种情况对女人们做个分析,希望她们各个都能成为人见人爱的女人。

首先是那些天生丽质的女人。

作为女人,如果你漂亮,从某种意义上说你是幸运的;然而女人的一生,要有品位,而非徒有其表。

做女人的最高境界是:细水长流,流到最后,却看不到尽头。一时的辉煌、零星的插曲、琐碎的片段、千篇一律的微笑、沉默、怀念、哀悼,每个细节都不完整地拼凑在一起……那么这个漂亮女人的一生就是荒诞而可悲的。

所以女人不要把漂亮当作武器、视为资本,因为男人可怕的占有欲会最贴切地迎合你的虚荣心,当两者完美的结合时,你的一生就不免失去了真实。因此,只有"笨女人"才会摇头摆尾、搔首弄姿,恨不得让全世界的人都知道自己漂亮;聪明的女人则会顺其自然、举止端庄,从不招摇。

你倘若天生就是一个漂亮的女人,你首先需要的是注重文化修养,要脱俗,要有自信。千万不要被人称为是"胸大无脑"或"金玉其外,败絮其中"。

阅读、音乐、绘画、书法既可以培养个人兴趣又能修身养性,鲜明的个性、广泛的兴趣、出众的才华都是漂亮女人的魅力,优雅是女人持久的魅力,你优雅着,你就漂亮着。

再者,你必须注意自己的形体美。女人完美的形体比漂亮的面容更引人注目,形体锻炼是一个漫长而艰苦的过程。可以根据自己的特点做一些适合自己的运动,慢跑和肢体伸展适合于每一个人,不需要借助器材,随时随地都可以做,方便简单。有毅力的人可以尝试一下瑜伽,它可以让你身上的每一块肌肉都得到有效的锻炼,使你的肢体变得轻盈柔软,很适合女人。舞蹈亦能使你保持身材均匀、姿态优美,让你更具韵味。女人的坐行姿势也非常重要,坐姿挺拔,行速要快,满街的人流中,那些抢眼的女子其行姿必定是挺拔如风。

漂亮女人还必须会打扮自己:清雅的淡妆,合适的发型、衣着,会使你

写给独自站在人生路口的女人

增色三分。

妆不宜太浓,用适合自己肤色的口红、粉底、眉笔淡淡地修饰自己,使自己看起来自然靓丽,根据自己的性格和体形来选择合适的服装,衣着要上下协调,要注意扬长避短,尽量选择设计简单,线条流畅的款式,服装的整体色彩不要过于繁杂,不要太过浓烈,过多的装饰和浓烈的色彩会显得俗气。皮鞋的颜色尽量和皮包一致,和服装的颜色相协调。着装重在搭配,不同的搭配会有不同的风格,不同的品味会搭配出不同的效果,简单、协调就是美。

其次我们再说说那些不算漂亮的女人。

女人为了漂亮可以付出任何代价。然而,你就是不漂亮,这是你自己改变不了的现实。那么,不漂亮的女人们,该怎么办?

女人面对镜子,认为自己容貌欠佳的时候,"笨女人"的选择是对自己缺乏信心,埋怨老天对自己的不公,整天愁眉苦脸,就像谁欠了她多少钱似的;而聪明的女人则会欣然地面对事实,因为她觉得她是世界上的唯一,她们会用日后的努力,取长补短,让自己美丽起来的。命运是公平的。

美丽的容颜会随着时间的流逝而递减和消逝,而气质、学识和智慧却会随着时间的变化而递增,并愈发体现出悠久的弥香。要知道,世界上并没有丑女人,心灵的美比漂亮的脸蛋更让人欣赏。

其实,漂亮只是女人的外壳,她们是娇艳绽放的花朵,终有凋谢的时候,那蜜蜂和蝴蝶也会远离它们。具有内在美的女人是一株淡雅的小草,野火烧不尽,春风吹又生。她们不会用自己的外表去实现理想,而是不断地充实自己,追求美好生活,勇于接受新鲜事物,保持乐观的生活态度、健康的心理,用以弥补自己缺少的那部分美丽所带来的心理阴影。

对于男人来说,女人的魅力并不单单是外表,而是"女人味"。有"女人味"的女人一定会流露出夺人心魄的美,那种伴着迷人眼神的嫣然巧笑、吐气若兰的燕语莺声、轻风拂柳一样飘然的步态,再加上细腻的情感、纯真的神情,都会让一个并不炫目的女子溢出醉人的娴静之味、淑然之气,置身其中,暗香浮动,女人看了嫉妒,男人看了心醉。

因此,一个女人可以生得不漂亮,但是一定要聪明,一定要开朗,一定要活得精彩。无论什么时候,渊博的知识、良好的修养、文明的举止、优雅的谈吐、博大的胸怀,以及一颗充满爱的心灵,一定可以让一个女人活得足够漂亮,哪怕你本身长得并不漂亮。

这样一来,天下的女孩都能将自己装扮的漂亮起来了,记住:漂亮是自己的问题,一定要重视起来,只有"漂亮"起来的女孩对生活才更有期盼。

02 每天努力一点点

所有的男人都喜欢多看两眼女人,而所有女人都喜欢被男人多看两眼!

女人生性敏锐,心思细腻,天生爱美。女人是美的代言与化身,女人在认知这个世界的时候,更愿意用她母性的一面去包容一切。不管是什么年龄和季节的女人,纵然是万般的不同,却都有着一颗漂亮而纤细的

写给独自站在人生路口的女人

心,希望自己每天都是最漂亮的,既有个性、懂时尚,又会打扮。那么漂亮女人又是怎么做的呢?

1. 漂亮女人都是有个性的

所谓的个性就是个人的独有的品位和气质。譬如说:一个女人遇到任何事情,都能坦荡大方,都能相信自己能够解决好。这就不像有的女人遇到紧要的事,就会手忙脚乱,不知该怎么办。相比之下,这个女人就具有了个性魅力。同样,有的女人看上去美若天仙,但就是缺少那么一点文化品位,只能是肤浅地谈吐事理,这样就会让男人觉得你缺少内涵,不免让男人感到些许遗憾;相反你就能恰当地融入男人的世界中,并把自己的个性表现得淋漓尽致,从而赢得男人的赞美。所以说没有个性的女人,不可能成为一名真正的漂亮佳人。

个性不是一朝一夕形成的,它是从儿童时期开始,不断受到环境的影响、教育的熏陶和每个人自身的实践长期塑造而成的。个性有一定的稳定性,但不是一成不变的,生活中经历的重大事情往往给个性打上深深的烙印,环境和实践的重大转折变化也会在很大程度上改变一个人的性格。

塑造自己鲜明的个性,应当:

(1)客观地了解自己。

（2）从自己的能力出发，完善自己性格中不好的方面，要有比较强的自我控制能力。

（3）不要轻易改变自己性格中的主导方面，要保持一定的风格。

（4）同自己周围的环境有一种比较协调的关系，既不随波逐流，也不孤芳自赏。

2. 漂亮女人都是时尚的

以前的好女人的标准：出得厅堂，入得厨房。而今时尚女性的新标准是什么呢？

（1）更有女人味

她们懂得生活的品位和内涵，懂得展示女人魅力，关注流行妆容与服饰，忙里偷闲寻找一份惬意或刺激。更多的这类女性将扮演"摩登主妇"这一角色。这类女性受过较高的文化教育，有自己的思想、见解；会家政、善理财；懂美学，有生活情趣。在某一阶段，她们会在事业上有所作为，将生活重心偏于工作上，而到某个特定的阶段，她们会迅速转移其重心，将其偏移到家庭中。

（2）爱情股只占40%

爱情虽是最大的感情砝码，但还有亲情、友情和自我。她们不会像母亲那样把终身都托付给爱情，这样即使爱情股降至零，感情世界也没有破坏殆尽，毕竟还有60%的感情需要付出和回收。另外，爱情股东如果希望股份有所成长，不仅会苦心经营，甚至想购买其他股，这自然为爱情股创造了牛市的前景。但如果爱情股占到80%以上，成为绝对垄断的控股者时，它就会有恃无恐，肆意挥霍，结果是您对它过多的信任和信赖酿造了股市大灾难。

（3）不做小鸟依人

在经济上，时尚女性不依靠任何人，花他的钱总是少了点尊严。无论自己挣多挣少，那是自己的，能享受到取得成就的满足感。在精神境界，她不是某个男人的附属品，随时跟在他的左右。她们懂得通过交友、读书、娱乐，充实自己的内心。所以，即使没有爱情的滋润，仍然活得自在而逍遥。她不为不爱自己的男人流泪，也不会因为男人的承诺而用一生去

写给独自站在人生路口的女人

等候。她，只相信自己，不用依靠他人也能活得很好。

(4)十分柔情，十分坚韧

她们性格如铜钱，外圆内方，抛弃男人与爱情？那不是完整的生活，她会理性去爱，跟他约会，充分享受爱情带来的甜美，却不完全依赖爱情；不控制情感却把它向美好的目的地引导。这种尺度她会拿捏得很好，让男人亲近她，却从不敢轻视她。

(5)对事业有点野心

小女人没有真正的成功，可怜；女权者没有真正的幸福，可悲。时尚女性会努力打理事业。她们踏实、勤奋，即使只是一份工作，她们也会热忱地经营。男人会酸溜溜地说："成功女人，情感上一定有创伤。"即使如此，她们仍然善于把挫折转化为成功的动力，至少不会一蹶不振。

(6)比以往更聪明

她们善于把握机会，懂得在什么时候要柔美、什么时候要刚毅。新女性比过去更善于用多种方式保护自己，为人处世有其原则性，即使是"王子在侧"，她们也会看他是不是够标准，绝不会委屈自己轻易降低标准。她们的聪明还表现在比以往更会精打细算地当家理财：何时购物最划算？银行降息怎么办？买哪家股票有戏？

(7)注重生活品质

时尚女性一般都善待自己的安排，定期做面膜、做健身操、游泳等，将收入的1/3花在服装、化妆上。25岁以下的时尚女性希望自己年轻美丽，30岁以上的女性希望自己优雅迷人。更重要的是，时尚女性认为好的形象不是为了给男人看的，这是她们对自己的要求。

(8)和朋友约会频频

在一些休闲场所能看到结伴的新女性：安静地泡在各种各样的吧厅里，悠闲品尝小巧的茶点、可口的冰淇淋，或者是啤酒甚至还可以舒舒服服地抽上几支香烟，爱动的一起去蹦迪、旅行等。

(9)有独立的空间

她们永远珍惜自己，并努力让自己完美。无论与先生多么默契，她们始终拥有一个绝对隐秘的自我空间。没有小女人自怨自怜的抽泣，更不同于女权者自舔创痛的愤慨,对她们来说,这是个充满了沉思反省的空间。在这里,只有自己最了解自己。

(10)擅长设计

她们自己规划事业、家庭和感情,设计丈夫和孩子。她们对他们的要求和理想是早有想法的,不过她们更注重在生活中逐渐达到自己的目标。她们设计家庭,从房屋装修格局到浴室毛巾的挂法,基本上都是女人说了算,即使是大男子主义的丈夫,也要因为是妻子的"合理化建议"而有所考虑。她们以自己的天性,时时都在勾画着心中的美好未来。

03 学点小把戏,打造吸引力

尽管地球上永远是"异性相吸,同性相斥",然而一个没有吸引力的女人永远都找不到被关注的幸福感觉!

做一个有吸引力的女人,有技巧地赞美男人的同时,更要用有效的手段来吸引男人的注意力。

物有两极,女人也是一样。女人本身是第一极,她的第二极是造就异性相吸,从而赢得男人的注意。女人永远不会忘记用眼神和身体的语言去调动男性的注意力,与他们产生一种微妙的异性的交流,保持自己的吸引力。她们懂得要征服这个世界,必须用自己女性阴柔的魅力,去征服男人的心……

女人要想使自己引起男人的注意,就应该学会恰如其分地表现自己。

1. 学会动作语言

女人那脉脉含情的目光,那嫣然一笑的神情,那仪态万方的举止,那楚楚动人的面容,有时胜过了千言万语。

2. 学会运用特殊标志

选择适合自己的某种固定牌子的香水,会成为女人的特殊标志。

3. 选择合适的金属发夹

走在时尚前列的永远是那些名媛佳丽们,以模特儿为首的佳丽正掀

写给独自站在人生路口的女人

起一股时尚新风——用特大号金属发夹别在秀发上,分外惹眼。把头发从顶端梳向一边,向后梳成马尾辫,然后别上一朵精美的"花"或者一只"大蝴蝶",定会使女人在百花丛中独树一帜,出尽风光。

4. 培养神秘感

女人要学会把自己塑造成带点神秘感的形象,从而让男人觉得你永远是个谜,是一本百读而不厌的书。比如,在向你心爱的男人诉说身世时,不妨只说七成,留三分让男人有揣摩与想像的空间,这可是一种妙招。

5. 偶尔的孩子气

孩子气永远是捕获男人心的一种手段,这也是孩子为何总是能够激起大人疼爱的原因。女人要偶尔用一次,其结果必定十分有效。如果常用,可能会引起男人的怀疑,也许男人会认为你童心未泯。从而引起男人的反感。

6. 女人经常表现出的"脆弱"

为了满足男性天生喜爱护花使者这一职业,女人适当表现一下"脆弱"是必要的。这种"脆弱"最好的表现形式便是"爱哭",因为所有的男人都怕被女人的泪水打败。

7. 闹点小别扭

男人在约会时迟到了,如果他说:"啊!迟到了。"女人一般都要忍住怨气回答说:"哼!我以为你不会来了呢!"这是对男人初次迟到应有的风度。但如果下一次他又迟到的话,闹别扭就可派上用场:"哼!又迟到了。罚你给我买束花!"这种程度的生气反而会令男人颇具好感。

8. 女人要学会轻轻地叹息

比如说一对男女在稍有情调的酒吧,俩人肩并肩地坐在一起,然后在前30分钟,俩人就像平常一样快快乐乐地聊天,并且喝适量酒。30分钟之后,女人一般会把玩手中的酒杯,并且把目光盯在男人的指尖附近,悄悄地叹一口气:"唉!"这时比较敏感的男人就会注意到,从而用担心的眼光注视着女人。当女人迅速地躲开男人的视线,然后再给他致命一击,轻轻地再"唉"一声。

男人对女人的叹息一定会生出许多猜想,担心女人是不是不喜欢同他在一起了。这时,男人会想方设法检查自己的不是,并急于向女人表白他多么喜欢你,爱情喜剧便进一步上演,而这正中女人的下怀。

04　获取小女人的权利

男人的眼泪往往遭人轻视,女人的眼泪往往赢得同情。

伴随着女人独立自主意识的加强,涌现出来越来越多的女强人。她们掌握话语权,咄咄逼人的强势让许多男性自愧不如。

"女强人"到底是一个褒义词还是贬义词,至今还没有一个定论,但可以肯定的是,大多数男人都会对她们退避三舍的。

我们在生活中经常看到这样的镜头:一对夫妻到一家餐馆去吃饭,妻子问丈夫:你要吃什么?丈夫说,我要吃咖喱牛肉饭。妻子马上说,你要吃什么咖喱牛肉饭,吃那个对你不好,又没有营养。连丈夫自己吃什么的权利都被剥夺了,这位妻子多半是一位"女强人"。

女强人取得事业成功的每一点成绩,似乎都是以放弃生活中的另一

写给独自站在人生路口的女人

部分为代价的。事实也的确如此,女强人的离婚率要比普通女人高得多!

当今社会呼唤男女平等,许多女人都走进大学的校门,造就了新时代的知识女人,当代知识女人形象对自身价值的定位在不断地改变。

十年苦读,我们现代女人所换回的知识和文凭,其价值不会只算是性商品化潮流中的一种特殊产物,更不只是为傍大款而兼备的一项"硬件",青年女人努力挤进高等教育的窄门,目标也不只是成为贤妻良母。成为一个女强人,要比男人强,至少要和男人平起平坐,这是大多知识女人的强烈愿望。在这种思维模式下,女强人们注定要经历一场深刻的精神危机和婚姻的磨难。一方面,她们像男人那样,在激烈的竞争中,于工作和事业中寻找保障,地位、权力和满足;同时,她们又试图抓住女人们在家庭、孩子中寻找到的那种满足。不仅仅要加倍工作,还必须事业上有所作为、私人生活也称心如意。不仅仅是愿意而且是必须在生活的方方面面都十全十美。

然而,这么高的要求是现代女人所承受不了的。中国的历史上,我们常常看到很多女强人当事业处于无限风光时,个人生活确是孤零零的。

表现在宫廷斗争中,就是饱尝了丧夫之痛的寡妇为了保住自己那点可怜的权益,而不被身边其他男人侵犯,只好心黑手辣不择手段地做起了女强人,如汉宫的吕雉、辽国的萧太后、清末的慈禧;表现在民族大义上,丈夫都战死疆场为国捐躯了,咱就来个"穆桂英挂帅""十二寡妇征西"。

鉴于"女强人"们的刚强与果断,男人们找不到任何雄性的威严,他们自然心里不爽了,而女人们倘若要是表现的柔弱一些,不是那么的要强,相信没有任何一个男人不疼爱的。

爱哭是女人的天性,也是女人示弱的最完美的表现手法。有人说会哭的女人会演戏。要知道,一个幸福的女人,温柔贤惠是她应该具备的,然而一味坚强的女人会让男人觉得自己失去了用处,所以忽略了对她的呵护和爱怜,眼泪是女人的饰品,像钻石一样不可缺少,它能为女人带来男人的疼惜和想拥入怀中安抚的冲动。

哭,对女人来说是益处多多的,哭可以排出体内的毒素,不仅有美容的功效,还能缓解人的压力和疼痛,像小孩子跌倒了哭泣也能减轻他的疼痛。你也会看到恋爱中的男女,女孩哭得梨花带雨,惹人心疼,男孩千方百计地哄,又是讲笑话又是做鬼脸、说甜言蜜语,直到女孩破涕为笑,两人甜蜜地相拥而去。

女人的哭也是有技巧的,不是咧嘴大哭,鼻涕一把泪一把,弄得像个大花脸,让人看着好笑,而是要哭得让人心疼,认识到自己的错误。无论在爱情上还是事业上,哭都是女人的必杀技。

曾经有这样一个女主管,她负责向法国一家公司销售建筑材料,精明能干的她列好了计划和报价,每次谈判都和对方达成比较满意的协议,为了这个项目她加班加点,可到最后签约的时候,法国代表突然提出要降30%的价格。

这个女主管十分气愤,几个月的怒火爆发在一瞬间,她突然哭了起来:"你们太过分了吧,我们什么都按你们的要求来做,还要降价30%,欺人太甚了。"

法方代表被女人的眼泪弄得愣在了那里,最终同意以原价买下所有的材料,法国代表说,那时我突然觉得这个女人很不容易,她的眼泪让我觉得很内疚。

其实是内疚吗?可能只是女人的弱者姿态让他产生了怜悯之心!

不同年龄段的女人也有不同的示弱方法。成功的女人可能大多数都一个人在家默默地哭。第二天又是精明干练的女强人,因此很少有人看到她们的眼泪,如果她们当着别人的面哭一次,效果肯定不同凡响;居家女人通常是边哭边骂,让丈夫和邻居都不得安宁,久而久之就让大家感到厌烦;年轻的女孩哭起来没有声音,长长的睫毛忽闪忽闪,让人忍不住想拥入怀中安慰她,再大的过错也原谅了。

小敏因为工作强度大,一个人担任几个人的工作,小敏几次提出加薪但老板迟迟没有动静。

她又一次走进老板办公室,诉说自己加班、为公司做了多少贡献,甚至现在因为丈夫见不到她两人感情都发生了矛盾,儿子的成绩也一落千丈,说到动情处小敏眼圈一红,泪水再也忍不住了。

老板心软,也不再那么坚持,安慰了几句,月末的时候工资果然涨了。

写给独自站在人生路口的女人

女人,你本身是弱势群体,适当发挥你的柔弱一面,事业、爱情都能让你如愿的!

05　小吵怡情助沟通

发号施令在爱情中是行不通的。

男女在生活中,一辈子相敬如宾的、从未红过脸的恐怕没有几个,而现实生活中夫妻吵架是很正常的事。同时,大多抱着白头偕老的愿望来共同生活的夫妻,在无数次吵架后,由于伤害对方的感情太深而无法复合最终只得分道扬镳。其中,由于女人天性使然,和男女在社会分工中的不同位置,女人往往是决定吵架还是沟通,或是冷战的关键。女人如果能掌握与男人吵架时的相处技巧与分寸,必定会增进双方的交流与沟通,从而加强夫妻两人之间的感情。

分析其中的原因,一个健康的男人或女人,内心都有一个"防卫者"。它并不伤害别人,只是维护自身情绪的堡垒。夫妻吵架,表明双方内心的防卫者都在各行其是,而并不是一方在此时刻意伤害对方。争吵激烈的,可能是一方或双方的"防卫者"越出界限,实在需要有裁判员命令它们退回,各就各位。但夫妻吵架时谁能在旁边做裁判员呢?于是,就有男人采取"以退为胜"的办法。如果男人在家里做了太多的退却,他们就只好在工作场所去进取,以作为某种心理补偿。

心理学家荣格曾经这样说过:"美国人的婚姻是世界上最可悲的婚姻,因为男人把全部进取心和积极性都移向了办公室。"

另外,吵架往往是在繁重的工作之后,由男女之间的日常琐事引起,又由一方先进入火星,使得双方失去理智,进而沟通受阻,使得两人之间的感情大打折扣。这时我们也要认识到,男女争吵并不可怕,可怕的是一方或者双方不知利用耐心和技巧来控制吵架、化解冲突。从女人一方来说,不知道控制自己的情绪,不知道在吵架过程中自我控制,说许多逞一时之快的气话,而在事后又死要面子,没认识到吵架对双方感情是极大的伤害。如果能从以下技巧出发,定能避免吵架,清除隐患。

吵架前,女人要学会控制自己的情绪。

人们都知道,男女为一些鸡毛蒜皮的小事而吵架不值得。但是很多女人却又偏偏控制不住自己的情绪。女人可以尝试以下方法,学会在吵架前来控制自己的情绪:

(1)控制自己的怒气。怒气是女人身体内部的一种储存力,是为应付意外事件的发生而用的。女人之所以求助于怒气,那是因为所发生的事情太大了,女人平时的能力不够用。所以,在即将发火前女人应当这样告诫自己:如果将怒气用在琐碎小事上,这将是一种浪费。

(2)当女人疲倦、饥饿、病痛、工作和生活不如意以及年纪将老时,(在人们常说的更年期),情绪波动极大,这时要把防止发脾气如同防止触电一样去注意。温和的态度和宁静的气氛,对自己的身体健康也有极大的益处。

(3)在感觉到自己情绪不受控制的时候,女人要培养自己保持镇静的能力。最好是在气往上撞时,心中默念克制的词汇,这是气功或佛教中的意念调节法。

还有,倘若事情已经了结,便应当迅速使自己的心理恢复原状,忘掉刚才发生的事情。这也是现代女人拿得起放得下的一种表现。

(4)女人切记自己的坏情绪也是可以引起丈夫的坏情绪的。发怒是一件冒险的事,是破坏爱情的风暴,是造成家庭不和睦的一个重要原因。

当然,除了这些技巧之外,女人与男人吵架更应该掌握一些分寸,尤其是言语上的。因为在两人吵架时,往往都欠缺理智,女人这时更具感性,所说的话往往不计后果。然而,有些话的确会刺伤男人的自尊心,严重伤害两人之间感情。诸如下面的话,是在争吵中绝对不能随便说的。

(1)"窝囊废"

李教授在一所学院教书,对专业以外的事情不太在行,妻子看到别人的丈夫都能帮着妻子做些家务。炒菜做饭,非常羡慕,因此越发对丈夫不满,经常发牢骚说:"你可真是个窝囊废,干啥啥不行,做啥啥不会。"她的本意是刺激他学会一点专业以外的本领,可事与愿违,反而令李教授觉得

写给独自站在人生路口的女人

无论自己多么努力,也不会赶上妻子的水平。正是她的这些话语摧毁了丈夫的自信心,伤害了夫妻感情。

(2)"离婚"

对丈夫来说,"离婚""散伙"是非常敏感、沉重的词儿,不到感情破裂时千万不可顺嘴而出。

(3)"当初真是瞎了眼"

类似的话还有"早知今日,何必当初""跟了你真是倒了八辈子大霉",等等。女人愤愤地说这些话时,浓浓的懊悔情绪是显而易见的,这怎么能不伤害男人的自尊心呢?

(4)"你看看人家某某……"

常言道:"货比货得扔,人比人得死。"在当今许多家庭里,"比照教育法"成了夫妻间教育对方的重要方法之一,这实际上是一种攀比心理作怪。尤其是做妻子的,就更是常常使用这种方法埋怨丈夫。而这种讽刺挖苦的结果只能是适得其反。

(5)"你管不着"

夫妻间最可宝贵的东西是信任,最有害的东西是猜疑。生活中,有的夫妻因相互信任而和和气气,感情日益加深;有的夫妻因相互猜疑而吵吵闹闹,感情日渐疏远。

(6)"你那个相好……"

在现实生活中,恋爱一次就成功的人为数并不算多,既然如此,不少夫妻就有一个如何对待对方旧恋的问题。有的女人动辄以"你那个相好的"为题发表"演讲",并以戏谑的态度和语言挖苦男人。殊不知,这样做最容易伤害男人的自尊心,最容易使男人拿你和旧恋人做比较,最容易使配偶旧情萌发。

06 拥有阳光人格

火红的太阳刚出山,朝霞铺满了半边天!

不管这世道如何反复无常,而总有一些女人能够自在徜徉在幸福的婚姻中,她们就像阳光下的花朵,时刻绽放着自己最光彩的一面。对于这些女人,我们不能一味地羡慕,也不能简单地说她们运气好。细细分析,你会发现,她们之所以有这种阳光般灿烂的状态,要归之于她们超强的心理素质。对于那些一直梦想着要靠别人给自己带来幸福的女人,真的应该以她们为榜样,重新塑造自己,让自己活在阳光里,幸福不用依靠任何人。

概括地说,女人的阳光人格包括以下几方面的特征:

1. 自信

每天早上起来,梳洗完毕,对着镜子里的那个女人大声朗诵:"我很好,我很好,我真的,真的是最棒的!"一位心理专家说,这是开发自我潜能的手段之一。

写给独自站在人生路口的女人

有自信的女人,不会整天张狂霸气,高呼女权至上。超越男人的方法,不是把他们压迫在自己的霸权之下,而是活得跟他们一样地舒展、自信;也不是整天要向男人发出战书,或者摆出一副"皇帝轮流坐,今年到我家"的进攻态度。和谐、平等和互助的两性关系,才是社会进步的动力。

自信,不是自大,自信是相信,也只有相信才会幸福。女人的力量犹如"百炼钢成绕指柔"。

2. 宽容

世间万象,本来就没有对与错的绝对概念。也许身边的朋友通过嫁人而衣食不愁,而你偏偏相信女人要靠自己一步一步稳扎稳打,鄙视她吗?或者从此敬而远之,断绝这份情谊?聪明的女性不会这样,她先问自己:她这样做对我有影响吗?没有,好,每个人有自己往高处走的方法,也许殊途同归,最终我们站到同一个制高点上。阳光女人能够包容,懂得尊重别人的选择,也认同别人的生活方式。

3. 方圆有道

阳光女人的性格外圆内方,在柔情似水的外表下,跳动着一颗坚强的心。她已经脱离了狂热女性主义者的幼稚,从不摆出一副百毒不侵的女强人的面孔,以为这样就是坚强。她深深懂得,刻意追求的强悍,与女人真正的内心世界反差太大,是毫无韧性的坚硬。因此,她用最温柔的行为出击,争取最合理的待遇与最合适的位置。

4. 独立

阳光女人有完整独立的人格。在经济上,她不依靠任何人,因为她懂得坚实的经济基础是维护自我尊严的必需。通过经济的独立,她享受着成就的满足感。在精神境界,她不是某个男人的附属品,懂得通过交友、读书、娱乐,充实自己的内心。所以,即使没有爱情的滋润,仍然活得自由自在。她不为不爱自己的男人流泪,也不会因为男人的承诺而用一生去等候。她,只相信自己,不用依赖也能活得很好。

5. 活力

阳光女人把全副精神用来打理事业。她们踏实,勤奋,即使只是一份工作,她们也会用对待事业的热忱去经营。做一个有干劲的女人,不是让你在事业上和男人斗个你死我活,而是要你问自己:从第一份工作开始,我有没有为自己设定一个奋斗的目标?她们知道,每天规规矩矩地上下班是不够的。对事业,有点野心很好。女人,要用得体的方法为自己争取到更多。

6. 超越自我

身处日新月异的科技世界,不进则退。阳光女人明白这点,所以她们不断自我充实,提升自我的知识和技能。她相信自己一定有天生的优势,并努力加以后天的创造。她比男人更加努力进取,不是对自己没信心,而是比男人更有雄心。

7. 家庭事业两平衡

阳光女人是走钢丝的能手,在家庭和事业之间求得平衡。眼见险象环生,忽地来个漂亮翻身,又是一副悠然美态。她不是一个一成不变的角色,她流动在职业女性与贤妻良母之间,什么场次,什么角色,毫不含糊。

8. 开朗

脸上的笑容不仅传递着心里的欢愉,也是赠送给世界的一份美好礼物,因为笑容可以传染。没有幽默的态度,不懂得自嘲,心事永远打着死结,拥堵于胸,一生得不到快乐。新新女性知道幽默,知道自我开解,知道原谅,知道轻松。因为,她把快乐放在自己手心,不系在别人的言行上。

9. 爱美

女人贪心,当然,对美一定要贪心。女人的美丽不一定天生丽质,但肯定知道如何装扮自己。让每一天的心情跟着衣妆一起亮丽起来。她们美丽着,不为取悦男人,不是虚荣的表现,是女人热爱生活与维护自尊的表达。

10. 保持镇定

阳光女人遇事冷静,临危不乱。她不愿意因为女人的特殊身份而享有特权:遇到危情,吓得脸色苍白,痛哭流涕,往男人的肩膀下钻,用眼泪作为捍卫自己的武器。她独立,有头脑,有能耐,可以用智慧、用个性魅力征服危难。更难得的是,她懂得在什么时候安慰男人,并且把男人的自尊照顾得很好,赢得他真心的喜爱。

这就是阳光下的女人,尽管她们还没有修炼到十全十美,但依然值得你以此为参照,最大限度地调整和改变自己。人生有太多的风雨,很多时候你根本无法预料接下来会发生什么,唯一的应对之道就是让自己随时生活在阳光里,让阳光性格伴你一生。

07 百炼钢为绕指柔

女人的美貌,只能征服男人的眼睛;女人的温柔,却可以征服男人的心灵!

上班的时候,经常可以听到几个结婚 N 年的男同事抱怨,妻子在跟我谈恋爱的时候挺温柔可爱的,可是现在讲话却粗声大气,脾气越来越坏,不是唠唠叨叨,就是河东狮吼……

几乎所有结了婚的女人都会经历这样一个过程:面对自己丈夫身上的缺点、恶习,实再无法容忍,说一遍不听,只好三令五申……最后,斥责的声音居然超出了连自己都无法忍受的分贝。

女人们不妨问问自己,你的温柔去哪儿了呢?那个时常对丈夫吆五喝六的女人真得是自己吗?不要以为你命令了他、警告了他,他就会按照你的要求去做,要知道,当我们希望得到既定的结果时,一定要为对方的接受程度考虑,不要向他频频地说出"不要""不许""不准"之类命令的话,否则他会恼羞成怒、宁死不买账,反而让你更加生气。

其实对于男人而言,什么都能承受,什么都可以抗拒,但最经受不住的是女人的折腾,最抵挡不住的是女人的温柔,前者除非命中注定,否则一定不会心甘情愿;后者只要一旦遭遇,无论如何也会乐此不疲。

温柔是女人的天性,不要让时间和生活的磨炼而丢失了它。男人们会尊敬在职场上和他们一样打天下的女人们,佩服她们的睿智和男人一样的刚强、果断,但是他们一定不会娶这样的女人做妻子,太强悍的女人会让男人找不到事业上的优越感。试想一下,如果你的妻子比你还像"男人",是不是悲哀呢?就如同一个女人,你的丈夫比你还像"女人",你敢要吗?男人靠自己的强大征服世界,女人靠自己的温柔征服男人。

曾经有一个男人,在家包揽了所有的家务,做饭、洗碗等,我问他:"难道你妻子不做吗?"他说:"每次都说好我做饭,她洗碗的,可是吃完饭她就变卦了。"

"那怎么可以,你呀……"男人无可奈何地笑笑,没办法,谁让人家会撒娇呢。大家开始起哄。

笑过之后你是不是有所领悟呢,别浪费你与生俱来的天性,充分地利用,你会发现你爱上了温柔的感觉。

有人说,女人存在的理由就是因为她具备男人所缺乏的温柔……让自己温柔、谦和起来吧,它的力量是你想像不到的,也许因为某件事你斥责了丈夫多年,只差这么一点儿的温柔,你就可以改变他了。

写给独自站在人生路口的女人

08 牵住他的视线

　　让你的他将"我想你了"这句话,不仅时常挂在嘴上,还要时刻挂在心上!

　　夫妻生活在一起,天天朝夕相处,心理上的距离往往会导致渐渐疏远。在现实生活中,大多数的女人认为两人走到一块,不应有什么保留,尽量减轻男人对你的心理负担,好全心应付工作。男人也在生活中慢慢地把你当作常态,从不或很少挂念起你。让男人觉得你为他做的都是很自然的,从而淡化了两个人之间的感情联系,从来不知你的好。这样对女人非常不公平,女人要想办法改变这一现象,让男人知道你的好,让他感到你很重要,让他离不了你。要办到这些其实很简单,你看以下这几招:

1. 让自己高兴起来

　　男人对于女人总是要求他们"带动"一切的要求,心理负担异常沉重。因此女性不仅要让自己高兴,也该让男性喘口气,不要将全部重心集中于他身上。一个女人若是信心十足,就会格外让男人想起您,想起您和他在一起的快乐时光。

2. 不公开全部秘密

过于公开容易使人失去兴趣,而尊重一个人的隐私权也无损于彼此的亲密。保留"坦诚公开"的结果,可能造成日后对离异恐惧感的隐藏。可使你因慢慢认识对方而产生更多的乐趣,就如同一座蓄水池般,可用来贮存未来,进一步加强了解,增加新鲜感,使男人时时牵挂你,想起你。

3. 不急于确定关系

女人的安全感是非常重要的。男人和满怀自信而吸引人的女性在一起时,会感到轻松自在,因为女性不会急于要求男人和她们结婚。

4. 适当地分别

适当地分别有利于男人女人保持对双方的新鲜感,使男人知道你不在身边的难处,常想起你在的好。有所谓"小别胜新婚"。

5. 永远有自己的兴趣

男女拥有共同的兴趣不太可能,但个人的兴趣能够带来不同的经验,是产生新鲜与刺激的源头。如果能够有些新的体验,那将是非常令人兴奋的。

6. 永远有所不同

对男人而言,稍微的变动显得更有挑战性,而且还会产生想念。但男人以为已经完全了解女人的时候,女人却出其不意地发生了令男人感兴趣的变化,这样男人会更想你。

09　轻松 SPA,让活力回归

浓情女人味,淡淡女人香。

现在街头巷尾到处可以看到香薰饰品店,美容院里也有很多香薰 SPA 服务,芳香的魅力可见一斑。女人一般都很喜欢芳香的东西,它能舒缓紧张的情绪,给你一份好心情。因此利用香薰来调节自己的心情真是

写给独自站在人生路口的女人

再适合不过了。

香薰的基本概念就是从果实和花卉中萃取的天然芳香精油,促进身心健康和美容,换句话说就是利用芳香所蕴涵的植物力量,激发人类与生俱来的治愈能力,维持身心两方面的健康。

在芳香疗法中,所使用的是花草、药草等含有丰富药效成分的植物,将这些植物精华加以浓缩提炼后,就是芳香精油,这些等于是植物精华的血液与灵魂,所以,在闻这些香味或将它渗入皮肤时所获得的效果,与服用药物的效果是相同的道理。

在现代社会中,精神压力的不断增加,导致了许多大多数女性的身体不适。这里的身体不适表现,在中医里叫"标",而引起身体不适的精神心理因素则叫"本"。中医强调治病要治"本",因此说,如果光治疗身体的症状,忘却了心灵的治疗,根本无法彻底恢复健康。芳香疗法的最大的特征,就是着重于"心灵"的部分,针对身心同时加以治疗。下面是用各种芳香制剂治疗不同心理疾病的具体方法:

1. 消除紧张或压力

工作太忙,身心疲倦,虽然睡眠充足,但总觉得浑身无力等。

精油处方:鼠尾草、熏衣草、罗马洋甘菊、乳香、橙花、杜松。檀香芳香浴:熏衣草 3 滴 + 罗马洋甘菊 2 滴 + 基础油 2~4ml 调和,在 38℃~40℃水中,较长时间浸泡。芳香按摩:熏衣草 4 滴 + 橙花 2 滴 + 基础油 20ml。

2. 情绪焦躁,即将崩溃

无理由变得很焦躁,工作进展不顺利,总令人焦躁不安

精油处方:依兰、熏衣草、罗马洋甘菊、佛手柑、橙花、天竺葵。玫瑰芳香浴:情绪紧张时:罗马洋甘菊 1 滴 + 佛手柑 1 滴 + 熏衣草 3 滴 + 基础油 2~4ml。女性特有的情绪焦躁,更年期障碍:玫瑰 1 滴 + 天竺葵 3 滴 + 洋甘菊 1 滴。薰香/芳香吸入:按照芳香浴中的处方,尽可能地用薰香器,使芳香在室内扩散。注意事项:钙质不足时,容易使人发脾气,以上精油处方,都有高度镇静作用,特别是佛手柑,感觉自己神经过敏时不妨多用,当心悸或情绪激动时,天竺葵、橙花能使人平静下来。

3. 因不安、焦躁而情绪低落,诸事不顺、不愉快的事持续不断,总觉

得心慌意乱焦虑

精油处方:橙花、甜橙、佛手柑、柠檬、葡萄柚、桔、茉莉、玫瑰。依兰芳香浴:橙花2滴+甜橙1滴+苦橙叶2滴。薰香/芳香呼吸:可用柑橘类的精油或偶尔用玫瑰、茉莉等昂贵的精油。

4. 提不起劲、缺乏毅力

对什么都没兴趣,总觉得身体疲倦、头脑发呆,感觉怎样都行。

精油处方:玫瑰、迷迭香、佛手柑、天竺葵、杜松、熏衣草、柠檬。依兰等芳香浴:杜松3滴+迷迭香1滴+佛手柑2滴。芳香按摩:刺激精神的杜松和迷迭香,以及调整身心协调的天竺葵、熏衣草都可以。薰香/芳香吸入:一天之中,只要有30分钟被芳香包围,就可以从忧郁的心情中解脱,用佛手柑等柑橘系列的精油最适合。

5. 感到寂寞和孤独

精油处方:玫瑰、橙花、丝柏、罗马洋甘菊、乳香。佛手柑芳香浴:玫瑰1滴+橙花1滴+罗马洋甘菊2滴。芳香按摩:用上述处方,加基础油10%~20%以稀释为1%~15%浓度使用。薰香/芳香吸入:也可用芳香浴中的处方利用薰香器使用。

6. 无法控制感情

精油处方:熏衣草、葡萄柚、天竺葵,花梨木。佛手柑芳香浴:葡萄柚1滴+天竺葵2滴+熏衣草3滴。芳香按摩:佛手柑1滴+花梨木3滴+熏衣草2滴+基础油20ml。薰香/芳香呼吸:选择喜欢的精油、随时闻香。

7. 想要增加自信、发挥实力

精油处方:玫瑰、茉莉。注意事项:在众人前演讲、相亲等令人紧张的场面,可在左手手腕内侧滴1滴茉莉精油,心情顿时放松,芳香精油不能直接擦在皮肤上,但少量的茉莉或玫瑰可以代替香水使用,在不允许失败的日子中,选择茉莉,想自己成为最佳女主角,选择玫瑰。

8. 疲劳工作、家务等每天都陷入筋疲力尽的精神和身体

精油处方:熏衣草、柏树、杜松、天竺葵、迷迭香等。芳香沐浴:熏衣草2滴+迷迭香2滴+天竺葵2滴+基础油2~4ml。身体按摩:杜松4滴

写给独自站在人生路口的女人

+熏衣草4滴+基础油20ml。

9.失眠症身体虽然疲劳,却无法入睡,或进入不了深层睡眠,这种现象由于不能充分睡眠,所以无法恢复身体的疲劳,白天也没有精神

精油处方:熏衣草、洋甘菊、橙、马郁兰、檀香、快乐鼠尾草、罗勒、佛手柑、桔,平静神经,达到放松效果的芳香浴:熏衣草3滴+洋甘菊1滴+桔2滴。强烈精神压力导致失眠的芳香浴:熏衣草3滴+橙花2滴+洋甘菊1滴。芳香按摩:在上床前15分钟,按照芳香浴中的处方稀释成1%~15%使用。薰香/芳香呼吸:在枕头上滴1~2滴熏衣草或用香薰炉薰香,使整个房间都有自然芳香。

注意事项:罗勒本来就是具有刺激作用,在绞尽脑汁都无法入睡,神经充分紧张都无法入睡时使用。

因此,当你心绪不佳时,就可以去做个SPA,彻底放松自己,感觉活力一点一滴地回到你的身体里,心情自然也就会飞扬起来了。

10 平和心态应对平常生活

爱情如水,并且还是白开水,天天用,热的时候可以喝,凉了也可以喝,隔夜的你还可以用它来洗脸洗手,纯洁而且朴实,想说出它怎么个好喝或怎么有营养来,难,也用不着。精彩和浪漫都是如鱼饮水冷暖自知的事。以沉默来表示爱时,其所表示的爱最多。

有人说男人的狂暴、性情不定胜过于狮子脾气,当然这有一定的道理。不过,在这个世界上还有一种动物比男人更喜怒无常,心态更不容易稳定,那就是女人。

大多数的女人们表面上看上去温文尔雅,弱不禁风而她们一遇到事情常常会暴躁不安,内心波动甚大。而处于婚恋期的女人更甚,她们对待外人往往能够心平气和地以礼相待,而对待自己的另一半往往就缺乏了应有的耐心,遇到事情总是三句两句就将问题复杂化了,吵架打闹自然就成了在所难免的事情了。

这也是人们送给诸如以上女人"河东狮"外号的原因了,其实那个"河东狮吼"的引申义为"因为爱妻子而怕妻子",现在去掉了这层引申义,直接为表现已婚女性的凶悍、泼辣与蛮不讲理的代言词了!

当然,这有些夸张,不过建议那些处于婚姻中的善于河东狮吼的女人们应该多考虑一下,当你"河东狮吼"地吩咐家里的男人做这儿做那儿时,你是否该反省一下了?把你献给初恋情人那一份温柔,也分些给那个被你喝来吼去的男人。

有问题解决问题,心平气和地分析问题,又与更年期无缘,什么事情不能心平气和地来解决呢?这是忧伤女性高雅气质的最大杀手,也是让外人耻笑家庭的最大原因。因此,聪明的女性都不善于使用河东狮吼这一法宝。

"河东狮吼"除了有伤女人高雅的气质之外还会对身体多个方面造成伤害。

心理学研究表明,脾气暴躁,经常发火,不仅增强诱发心脏病的致病因素,而且会增加患其他疾病的可能性。

女人发脾气会让自己衰老得很快,还会导致更年期的提前。而有效地抑制生气与不友好的情绪,使自己融于他人,会提高自己的修养。要知道,"生气就是拿别人的错误惩罚自己",你会做那么愚蠢的事情吗?

每当你想要发脾气的时候,先在心中数十个数控制一下,如果你仍然觉得需要发脾气,那就发吧。以下是几种控制自己发脾气的办法,不妨在发脾气之前试试看:

1. 意识控制

当你愤愤不已的情绪即将爆发时,用意识控制一下自己,提醒自己应当保持理性,还可进行自我暗示:"别发火,发脾气会让自己多长几条皱纹的。"

2. 自我检讨

勇于承认自己爱发脾气,必要时还可向他人求助,让自己从今以后克服这一毛病。经常发脾气的女人会让男人觉得不可理喻,时间长了也会让人觉得厌烦和恐慌。

写给独自站在人生路口的女人

当一个人受到不公正的待遇时,任何人都会怒火万丈,但是无论遇到多大的事,都应该心平气和、冷静地、不抱成见地分析一下问题,如果是对方的错误,让对方明白他的错误之处,而不应该迅速地做出不合理的回击,从而剥夺了对方承认错误的机会。

3. 推己及人、将心比心

就事论事,如果任何事情你都能站在对方的角度想一想,那么你就会觉得没有理由迁怒于他人,气也就自然给消了。

心平气和及时解决问题的办法,更是展现女人高雅气质的利器。不愉快的心情也会随之消失。脾气暴躁的女人很容易让人产生反感,尤其是职业女人,会给别人一种很浮躁的印象,影响你在别人心中的形象。

温柔是女人的天性,善解人意是女人最大的优点,女人的宽容和善良能化解所有的矛盾和不愉快。女人,控制你的脾气,展现你迷人、大度的微笑,你会发现,没有过不去的坎,没有办不成的事。

11　摇曳风情万种

女人,你可以不漂亮,但是一定要有女人味,有时,一个小动作、一件小饰品就能让你浑身上下散发迷人魅力。

女人之所以为女人,因为她们是美丽、性感的代名词,不要愧对女人这个称呼,发挥你的魅力,让这个世界因你而精彩。女人之所以为女人,因为她们是美丽、性感的代名词。有时你可能会听到别人说:"她什么地方都不错,可就是感觉少了点'女人味'"。

"女人味"可以让你区别于其他的女人,是一种韵味。它不单单是内在美和气质的表现,也是女人综合素质的诠释。下面就教你几个小秘诀,让你瞬间散发迷人光彩。

拥有一双高跟鞋。一双合适的高跟鞋配上薄丝高筒裤,会令你的双腿亭亭玉立,走起路来婀娜多姿,尽显你的魅力。

适度的裸露。女人露得太多,会被认为不庄重;把自己包得像个"粽子",又浪费了大好的身材,被人把你当成守旧的女人。

如何露得恰如其分,是一门学问:对颈部有自信的女人,穿V字领的衣服,再搭一条精致的细链,即能衬托美丽的颈部;对肩部有自信的人,吊带、抹胸都是不错的选择,如果担心露得太多,外面可以配个肩围或小的纱网;对胸部有自信的人,可以多解开一个衬衫的纽扣,穿透明衬衫搭配同色系的花边胸罩;对大腿有自信的人,可以穿迷你裙,若穿长裙的话,可以露出足踝。

适当的害羞。女人吸引男人的秘密武器就是适当的害羞,如果你平时像男孩子一样豪爽或干练的女强人,适当地害羞会让男人觉得你有时也很"妩媚"的;如果一派天真的脸上突然泛起红晕的少女,没有哪个男人会不动心。但要注意"害羞"不可"使用过度",否则有淫荡之意,很容易让男人产生非分之想的。

选择一种香水。香水就像你的专有标志。有些女人爱把香水涂在发根、耳背、颈项和腋下,这会影响整体的味道。

最好的方法是:将香水涂在肚脐和乳房周围,另用一小团棉花蘸上香水,放在胸罩中间,这样不但香味保持长久,还可以使香味随着体温的热气,向四面八方溢散。

12　懂得幽默,笑对生活

幽默不是男人的专利,幽默的女人同样是大众的焦点。

幽默是一种特殊的情绪表现,而且不仅仅是男人的专利,女人也要在社交场合中经常运用它。

幽默可以让你在面临困境时减轻精神和心理压力。俄国文学家契诃夫说过:"不懂得开玩笑的人,是没有希望的人。"可见,生活中的每个人都应当学会幽默。

人人都喜欢与机智风趣、谈吐幽默的人交往,而不愿同动辄与人争吵,或者郁郁寡欢、言语乏味的人来往。幽默,可以说是一块磁铁,以此吸

写给独自站在人生路口的女人

引着大家;也可以说是一种润滑剂,使烦恼变为欢畅,使痛苦变成愉快,将尴尬转为融洽。

其实,在社会中我们不难发现:男性一般都能够将幽默和欢乐带给身边的每一个人,而女人在这点上就较之男人们逊色了,所以培养自己的幽默感也是交际中女人值得注意的地方。

美国作家马克·吐温机智幽默。有一次他去某小城,临行前别人告诉他,那里的蚊子特别厉害。到了那个小城,正当他在旅店登记房间时,一只蚊子正好在马克·吐温眼前盘旋,这使得职员不胜尴尬。马克·温却满不在乎地对职员说:"贵地蚊子比传说的不知聪明多少倍,它竟会预先看好我的房间号码,以便夜晚光顾、饱餐一顿。"大家听了不禁哈哈大笑。

结果,这一夜马克·吐温睡得十分香甜。原来,旅馆全体职员一齐出动,驱赶蚊子,不让这位博得众人喜爱的作家被"聪明的蚊子"叮咬。幽默,不仅使马克·吐温拥有一群诚挚的朋友,而且也因此得到陌生人的"特别关照"。

现实生活中有不少人善于运用幽默的语言行为来处理各种关系,化解矛盾,消除敌对情绪。他们把幽默作为一种无形的保护阀,使自己在面对尴尬的场面时,能免受紧张、不安、恐惧、烦恼的侵害。幽默的语言可以解除困窘,营造出融洽的气氛。

幽默是人际交往的润滑剂,善于理解幽默的人,容易喜欢别人;善于表达幽默的人,容易被他人喜欢。幽默的人易与人保持和睦的关系。

长今的养父姜德久诙谐幽默,是《大长今》中最搞笑的角色,插科打诨妙趣横生。

尚膳大人向德久调查元子中毒事件并将德久关在大牢里,长今和韩尚宫来看他。

长今:"大叔这是怎么回事?"

德久:"这是阴谋。除了我还有很多待令熟手,他们嫉妒皇上太宠爱我,所以一定是他们在做的饮食里面加了不该加的东西。"

长今:"当时也有其他熟手在场?"

我们已经有许多年没有欣赏圣诞树了。

德久嘿嘿一笑:"没有。"

韩尚宫:"都什么时候了,你还开玩笑?"

德久:"娘娘,一定是我吓坏了才会说出这样的话。当时娘娘您也尝过小的熬炖过的全鸭汤,没有任何的问题,按照拔记煮的,所用的食材只有鸭子和冬虫夏草而已。元子大人用过之后怎么会昏倒呢?为什么呢?会不会是脚步没踩稳,一下跌倒了呢?"

幽默就具有如此神奇的力量,能给你带来很多意想不到的好处。幽默不仅能使你成为一个受欢迎的人,使别人乐意与你接触,愿意与你共事,它还是你工作的润滑剂,促使你更好更快乐地完成工作。这往往是采用别的方法所不能达到的,也是成本最低的一种方法。

如果你能够恰如其分地把你的聪明机智运用到智慧的幽默中来,使别人和自己都享受快乐,那么,你就会得到更多喜欢你、钦佩你的人,会获得更多支持和关心你的朋友。幽默要想能够打动人,那就要得体,下面就是给你的几条建议:

1. 轻松应对

你首先要做的是放松。如果你付诸了行动,没有人会对你表示不满,况且你要面对的也不是改变命运的考验。你只不过是想给自己的生活和言谈增姿添彩,使自己显得更为随和。因此不要给自己太大压力。

写给独自站在人生路口的女人

2. 不要较真

减轻生活和自我的压力,要习惯于对事情持保留态度。遇事要看到幽默的一面。你会发现,在大多数情况下,即使是接到 200 元的违停或超速行驶的罚单或踩在香蕉皮上滑了一跤也可以为你带来幽默的谈资——秘诀是你能发现这些事情,并敢于自我解嘲。

3. 做"流行文化通"

如果你没有一些参考资料或素材,那你不可能有幽默感。你的知识面越宽,你说的话就越风趣。

例如,如果你对《阿森家族》(美国著名的动画片)一无所知,那么你就不可能有一番"霍默"风格的品头论足。因此你了解的电影、电视、音乐和各种流行文化越多,你的幽默感就可能越强。扩展自己的视野并关注时事热点,你会惊奇地发现有那么多幽默素材会不期而至。

幽默不仅仅是大开玩笑,它取决于你谈话的习惯,看待事物的态度,如何表现自己以及说话时的腔调和姿态。言谈要生动活泼,这样你就能使所有的故事变得趣味盎然。

与他人进行目光交流,自信地发表意见,这样每个人都想倾听你的故事。另一方面,如果你的幽默较为隐晦,具有讽刺性,那就扮演一下那一角色,并用一种平淡的语调来说话。你的表达技巧需与你的幽默保持一致,如果时机不当,那么你会弄砸了整个玩笑的。

4. 要有创意

具有幽默感不仅仅是翻来覆去地炒"旧饭"。如果你将一些流传多年的笑话改头换面,旧调重弹,人们会觉得你是傻子,而不是一个富于幽默感的人。幽默最好是在谈话或讨论时融入一些独到和发自内心的见解。

5. 不惧失败

你的目标并不是要哄堂大笑,而且任何一个优秀的喜剧演员偶尔也会砸场。因此不要担心没有人喜欢你的幽默——要么视而不见,要么一笑置之,并且不论你做什么,不要扎进"玩笑堆"里,费劲心机去逗乐每一个人——你不必如此。

做一个懂得幽默的女人，同时也是有情调的女人。幽默不仅仅在社交中，生活中一样可以提高你的人气。

13　激发灵气，展现独特自我

山不在高有仙则名，水不在深有龙则灵；女人不在漂亮，有灵气则惹人喜。

灵气是生命中的亮点，不在于年龄的大小，不在于职位的高低，不在于成熟或者幼稚，不在于稳重或者张扬，那是女人身上焕发出来的与生俱来的一种气质！灵气来源是内涵，来源是感觉和认识，是女人潜意识中本质的表现。

女人的灵气并不是狐仙们闭门修炼若干年的修为，女人的灵气需要焕发，需要激励，更需要提炼。女人的灵气是与自己相知相识的人接触中不断产生的火花。零星的火苗点燃了女人内心深处的灵气之光，面对一个根本不入自己眼睛的男人，任何一个女人都难展现出一丝的灵光。

灵气在不断的接触过程中闪现，是女人生命的激素，是女人情感的助燃剂，是女人精神支撑的点点基石。女人的感觉很外露，散发灵气的女人大多处于情感的旺盛期，眉目传情扫死千万，嫣然一笑万山横。情感富有的女人眼睛会放光，容颜也会更加的性感。

灵气是灵魂忠实的卫士和亲密的朋友，它们不是姊妹关系。更多时候灵气是灵魂深处美好的表现，是一种升华。如果一个人想要同另外一个人沟通，必须通过了解，明白感觉。可在最初必须要有东西能牢牢的吸引住，这个时候灵气就站了出来。一见钟情是怎么回事？就是因为第一眼的接触立马就焕发了自身的灵气，两种气的融合造就了轰轰烈烈。女人爱上一个男人往往被说成稀里糊涂，其实是因为她们被男人的魅力所征服。而此时男人所表现的魅力正是成长于女人的灵气之中，正是女人的灵气焕发了男人的魅力。

灵气的焕发必须要有真实作为基础，聪明的女人不是整天炫耀自己

写给独自站在人生路口的女人

这好那也好,因为她们知道男人是永远吃不饱的,她们会一点、一点地散发出来她们的灵气,对于自己的灵气她们会相当吝啬。如果真的想要彻底感悟一个女人的灵气,男人只有一条路走,那就是真心换真意。

女人的灵气是女人无论如何都装不出来的,真实的女人才具有灵气,背离真实自我的女人,无论多温柔多可爱都会缺乏鲜活的感觉。真实的女人的灵气是女人可爱的魂!

没有任何一个女人希望自己平淡的过一生,不出彩的生活就像沉重的石磨,会把女人有限的青春碾得粉碎,婚后的女人往往觉得自己不需要灵气了。其实是大错特错了,因为她们心中也不缺乏幻想,她们甚至比婚前对爱情的渴望更甚。只不过是少了一些在幻想中找感觉而已,只是更加的真实了。可应该真切的看到,真实的生活才更能磨炼自己的灵气,毕竟自己身边所拥有的是真真切切的,实实在在的,辛苦得来的幸福啊。

女人的灵气是照亮女人一生的探照灯,更是吸引男人一步一步走过来的指挥棒。好女人会懂得珍惜自己的灵气,把握自己的灵气。

14 美丽心情美满爱

懒女人比丑女人更可怕!

女为悦己者容,千百年来这句话仿佛成了真理。其实则不然,在现在这个社会,化妆是对别人的一种尊重,也是对自己的一种重视,更是体现女人魅力的绝招。

爱美是女人的天性,作为女人你有权利让自己通过各种方式变得漂亮,不要以为街上的女人、银幕上的明星都是天生的肌肤胜雪、身材婀娜。你是否知道明星每天不管拍戏多累都要坚持卸妆,做皮肤保养,而这些并不需要去美容院,只需要几片水果或者一张面膜就可以搞定;你是否知道朱茵十几年来如一日地做胸部按摩,以致在女明星中受到的羡慕声片片。

如果你认为自己不够白皙,如果你认为自己需要减肥,那你不妨为自己制定个计划,然后坚持下去。不要以为自己有了丈夫就可以每天蓬头垢面。每天打扮一下自己,弄弄头发,化化妆,你会发现丈夫日渐暗淡的眼睛也会发亮,而你也在这种自信中找到了从前的自己——那个年轻时光鲜的你。

女人,让自己美丽起来,不管是悦人也好,悦己也罢!归根到底都是让周围的人或是让自己高兴,通过自己的满意、欣喜,得到满足。

其实打扮不是一件很难的事情,每天出门前打开衣柜搭配一下衣服,化个淡妆,光鲜靓丽地出去见人!打扮的细节很重要,它最能体现女人的品位,有时一件合适的小饰物就能完全展现你的个性。不要以为你是居家女人就可以毫不修饰,淡淡的妆容也是对别人的尊重。

要知道,女人的美无时不可不在,只要你稍微留意、简单装扮照样能够美出来。

千万不要以家务繁忙为借口而懒于打扮。日本的女人通常都会在丈夫到家前半小时把自己打扮得漂漂亮亮的,让丈夫一进门就有一种赏心悦目的感觉;她们也会在丈夫睡觉前半小时就沐浴完毕,在床上乖乖地等待丈夫;早上的时候她们会先于丈夫半个小时起床,洗漱、化好妆后,把早饭端到丈夫面前,让自己呈现在爱人眼前的永远是最美丽的一面。因此,世界上大多数人提到日本女人的时候,都会举起大拇指夸赞她们温柔、贤惠,还有美丽!

当然,我们不用像日本女人一样,但是简单打扮一下自己也是很有必要的,不要以为男人真的不会抛弃黄脸婆。要知道,男人都属于视觉动物,你连外表都不能让他满意,还指望他能为这个家付出多大的努力呢?

让自己变得美丽也会让你的丈夫更爱你,不要吝啬那半个小时的时间,梳梳头发,做做面膜,买几件时尚的衣服,时刻展现靓丽的自己。